文明危機の思想基盤

原発、環境問題、リスク論

大和田滝惠

Ohwada Takiyoshi

Ideological Base of a Civilization in Crisis

Nuclear power generation, Environmental problems, Risk theory

社会評論社

まえがき

今回の原発事故をどう受け止めたらよいのか。事故に至る背景に何があったのか。本質的な議論を一度してみなければならない。

私たちは社会をどのように作ってきたのか、その作り方によって私たちはどのような影響を受けてきたのか、私たちはいつも目先のことに目を奪われ、本当に考えるべきことを考えてこなかったように思える。この機会に、私たちの価値観や世界観、文化のあり方や思想の問題、社会状況など、私たちや社会の最も根底を流れているものに触れてみる必要があるのではないか。これまで辿ってきた道を振り返ることなしに、未来をどうしたらよいのかは明確にならないからだ。

本当に考えるべきことを考えてこなかったのは、国や政治家についても言える。政策の作り方に誤りはないのかについて、根本的な議論をせずに政策を作ってきたとしか思えない。同じ考え方、同じ仕組みが共通の原因となって、過去に水俣病、アスベスト、薬害エイズ、ＪＲ福知山線の脱線、そして今回の原発事故、放射能汚染への対応など、深刻な問題を繰り返し誘発してきたと指摘されているからである。度重なる失政の底流に影響力をもった政策指針があるとみなければならない。

失敗を繰り返しても改まらないトレンドは、従来のように政府や企業の責任を追及するだけに止まらず、通底する政策指針を明らかにし、母体である学問の責任、専門家の責任を追及する必要がある。そこに挑むのは同じく学問が行なう仕事だと考えられる。そこまで踏み込まなければ、今後も深刻な事態を防ぐことはできず、同じ轍を踏む懸念を拭い去れない。

今回の原発事故で、原子力安全委員会の専門家たちは自らの役割を果たし得なかったことを反省している。また、国の原子力政策の方針を策定する日本原子力学会は、事故の教訓からリスクに対する考え方が甘かったことを認め、日本地震学会は巨大地震を予測できなかったことを自己批判している。例えば、福島第一原発は確率ゼロとされていた巨大地震が実際に起きたことは、確率予測の非科学性を物語っており、専門家と学問は深刻な見直しを迫られていることを象徴するよい例である。

本書では、単なる事故の直接的な原因の究明や国のエネルギー政策・原子力政策の検証だけでは済まない、背後に残されている未解明の謎を解明していきたい。それには、過去の深刻な公害問題から今回の原発事故にまで至る、社会の成り立ち、自然との関係、そして私たちの歴史を振り返り、未来を見通した自分たちの運命の決め方について、深く考える作業を始めなければならない。本質的な議論に関心を抱く読者諸賢に是非お付き合いいただきたい。

文明危機の思想基盤＊目次

第1章　原発事故の思想責任

1　二者択一の固定観念の浸透

なぜ今回の原発事故は起きたのか。その原因を探ろうとすると、私たちの考え方の途轍もなく大きな間違いを問題にしなければならなくなる。

私たちの社会は安楽な生き方をとことん追求してきた。しかし、そこには、なんだか無理をしているところがあった。私たちは、安楽を手に入れるには、ある程度の危険に目をつぶるのは仕方がないことだと思っているようだ。先日、ＮＨＫの番組に視聴者から、便利な生活を希望するならリスクは仕方のないもので、二兎を追うような都合のいい話はあり得ない、という意見が寄せられた。

こんな私たちの普段の何気ないものの考え方がどういうわけか、アメリカ生まれの有害物質の運用理論で、利益や便利さ（ベネフィット）を享受するには一定のリスクは受け入れるべきだとするリスク・ベネフィット論（Risk-Benefit Theory リスク論とも言う）の論理によく似ている。リスク・ベネフィット論では、ベネフィットにはリスクが付きもので、リスクが嫌ならベネフィットはあきらめなさいと、二兎のどちらかしか選べないトレードオフの認識が重要だと主張する。こうした二者択一の固定観念は、一般の人々の間でも浸透しているように思える。

なるほど、ベネフィットはリスクとトレードオフである場合もあるし、リスクを伴う方針が暫定的に必要な場合もあるが、トレードオフの考え方が一律に何事に対しても当てはまるわけではない。人類の存在価値・存在意義としては、トレードオフを乗り越え、経済的に豊かになり、なおかつ危険でもないＷＩＮ―ＷＩＮの状況をどんどん作り出していくことが大切ではないか。

実際、リスクをなくすことが、いつも経済的なベネフィットを減少させるわけではないという事例がある。例えば、工場から汚染物質を排出せずに回収して再利用するゼロエミッションの努力で環境保護や健康と経済を両立させているような例である。

原発がすでに世の中で稼働していても、原発に頼りきるのではなく、再生可能エネルギーが採算のとれる形で普及するまでの間の暫定的なエネルギーと考えて使うことが妥当であった。今まで、繁栄のためには安全とは言えない原発の電力に頼るしかないと、暫定的でない御墨付きを原発に与えてきた。そのため、可及的速やかに恒久策としての再生可能エネルギーに満ちた社会を作り上げ、環境保護や健康と経済を両立させるＷＩＮ―ＷＩＮの努力にブレーキをかける結果となってしまった。もっと早くに、そうした開発を急いでいたら、今回の原発事故はなかったはずである。

2　悲観的世界観の潮流に押されて

人々は必ずしも原発が安全だと思って受け入れてきたのではなかった。原発は安全ではないという認識は早くからあった。一九八一年に一般の人々を対象に行なわれた原発の安全性と必要性に関するアンケートで、約六〇％の人々が原発は危険だと答えている。にもかかわらず原発は必要だと答えた人は八〇％近くを占めた。

原子力は危険である。そんな心配が社会的になかったわけではない。しかし、まさか大ごとにはならないという安易さの方が勝っていた。私たちが安楽な生活を渇望することが事態を重く見ないようにさせるのだろうか。安楽を手に入れるのに、ある程度の危険には目をつぶるのも仕方がないということだろう。ある程度の危険というように危険性を小さく見積もることで、経済的な利益のために危険性を受け入れるのは許されると考えることがＷＩＮ―ＷＩＮの道を放棄させるのではないか。

原発推進派の識者も施設設置の当初から、原子力は放射能という危険な要素が内蔵していることを意識して取り組んでいると、その危険性についての認識を公の場で述べていた。ただ、同時に、経済活動ができなくなるのも深刻なリスクだから、危険はあるかもしれないが原子力は必要だとも付け加えていた。人々の安楽への渇望が事態を重く見させないように、原子力政策を決めてきた専門家たちも経済的な便益の追求が先に立ち、結果として危険を甘く見過ぎていた。

放射能や化学物質の危険性を小さく見積もり、多少の犠牲者が出る危険を冒しても経済的な便益が増す方がよいと考えるリスク・ベネフィット論は、一九六〇年代からアメリカで盛んになった。この学問が原子力政策や環境政策、薬事行政を動かす政策の指針として使われてきた。

その政策指針の後押しで、原発やアスベストなどの危険性を受け入れる代わりに、それらの安い費用を見込んだ高度経済成長論が世界中に広がっていった。現代社会は、警戒心を怠った見かけのコスト安の上に過度の経済的繁栄が築かれていることになる。人の健康リスクでさえもゼロに近づけようとすれば莫大な費用がかかって経済成長を阻害するという理由で、ゼロを目指すべきではないとするこの政策指針によって、多くの犠牲者を出してきた。

虚心に振り返ってみると、私たちの歴史は、経済的な富の最大化のためには犠牲はやむを得ない、犠牲も値するという悲観的な思潮が普及し、社会を支配してきた。しかし、それに抵抗する意見はあったし、正反対の考え方も存在していた。だから、もっと早くに今とは違ったパターンの社会が現れていた可能性もあった。今回の原発事故を目の当たりにして、間違った思潮が優勢になっていったことが問題だったことに気付かされる。そうした思潮でいくしかやむを得なかったのではなく、人々がこの思潮を従順に選んできてしまったのではなかったか。

それは人々にもそういう要素があったからだろうとは言えないか。

社会は、私たちは、これでよかったのか。犠牲を払って成果を得るというのは、悲観的な考え方である。犠牲を払わずに成果を得るWIN―WINの道は確かにあるし、そちらの方を目指すのが人類としての知恵ではないのか。リスク・ベネフィット論が社会の作りに影響しているが、これ以上そんな悲観的な世界観に導かれたくない。しかし原発政策などを導き、これまで私たちが困った事態に陥らされただけでなく、この学問が今後も社会全体に大きな影響力を持ち続けることで、新たな領域に同じ轍を踏む懸念があることを一度考えてみる必要がある。

今こそ、地球や人類をジリ貧に行き着かせる私たちの思想基盤を明るみにし、現代社会の大転換を図るときである。思想基盤を明確にしなければならないのは、人間の行動には信念体系が必要であり、ものの考え方にすべての根源があるからだ。エネルギー政策の抜本的な転換に大きく踏み出す論拠を築く必要があると言えないだろうか。

問題は、経済の豊かさを手に入れるためには危険を冒すのもやむを得ない、繁栄は代償を支払って得るものだという考え方は、政策を作るときの指針であるだけではないことだ。リスク・ベネフィット論は専門家のみならず、この学問の底流となっている考え方は世の中全般に広がっているように思える。だから、国民も政府の誘導に乗っかっていったのである。

国民は原発がなければ暮らしが悪くなるという考え方を国や識者から促されてきたと共に、社会全体の経済効率を求める風潮から、人々の側でも原発を受け入れる素地があったと言える。エネルギー多消費型の生活が既成事実となっている社会で、原発が貢献するその基盤の上に暮らさざるを得ないと考える人々にとって、原発のリスクは意識しないほど当たり前の前提となってきた。

危険を冒し、犠牲者を出すことに私たちを麻痺させ、社会の行く手に障害を負わす思潮の流れを放っておくのか、止めるのかが迫られている。

3　人類なら二兎追って二兎得よ

原発事故によって周辺住民たちは生活を奪われ、この先も健康の不安に怯え続けながら生きていかなければならない。人々の人生を狂わせる犠牲を支払ってでも原発は進めるべきものなのだろうか。チェルノブイリでは従業員の死者も周辺住民の癌による死者も出た。リスクが大き過ぎ、それに見合うだけのリターンが原発にはあるのか。巨利を追求できないといけないから、それに伴うリスクは、とかく小さく見積もられる傾向がある。だから、多くの場合、リスクと引き換えにベネフィットを得るというのは成立しないことではないのか。

ベネフィットを得るためにはリスクを冒すのもやむを得ないという、引き換えが条件となるような考え方をどんな場合にも当てはめてよいことにはならない。しかし、リスク・ベネフィット論は、物事にはすべてメリットとデメリットがあると言い、化学物質など有害なしの利点のみを享受することは不可能だと主張する。ベネフィットを得たいならリスクを受け入れるのは当然で、リスクが嫌ならベネフィットをあきらめなければならないという、二つのどちらかしか選べないトレードオフの問題だと考える。

こうした二者択一の固定した現実観は、どこに由来しているのだろうか。世の中でその根拠を探してみると、寒さと暑さ、苦と楽、善と悪、生と死など、二項対立の捉え方が一見、現実を映しているようで正しく見える。しかし、具体的な日常には、寒さと暑さの中間としての暖かさもあり、苦と楽、善と悪も中間やどちらでもない状態がある。死については客観的には不可知であって、もし死後の世界があったなら生と死の二項対立ではなくなる。

たぶん、人間には男女がいるように、二項から成り立っていると思える場合もあるためか、いきおい人々は物事を極端な二項の形式で受け止め、世の中全体にメリットがあれば必ずデメリットがあるという感覚を生んだのだろう。また、リスク・ベネフィット論がベネフィットにはリスクが付きものだという悲観的な二項の関係に固執しているのも、現実は甘くないという経験が印象づいている人々の暗い現実認識に根差しているからだろう。リスク・ベネフィット論の現実観は世の中全体が母体となっているため、根が深い。

その証拠に、人類史上には、代償を支払ってしか成果が得られないとする考え方は繰り返し現れている。リスク・ベネフィット論と同じように、世界中に影響力をもった有力な学説を一つ思い出す。経済学説史上、労働価値説が正しいとみられていた時代があった。この学説によると、何かをしないと何かにならない、つまり不労所得はない。代償に見合う付加価値しか生じないという考え方であるが、それはすでに間違いだったことが立証されている。労働だけが価値を創造するわけではなく、効用の増減によって物品の価値は変わってくる。需給の綱引きが物品の付加価値の付加幅を決める。

付加価値とは代償に見合う以上の付加幅の価値が付け加わることであり、需要が供給を上回れば上回るほど物品の価格が吊り上がることが、代償に制約されずに上昇していく付加価値の存在を示している。これは同じ商品を代償に見合う価格以上の任意の価格で売れるような、何かをしなくても何かになる部分であり、代償がなく成果を上げようとするWIN—WINの道も正に付加価値そのものであると言える。以上から、WIN—WINの余地は現実に存在していることがわかる。

しかし、リスク・ベネフィット論では、水道水の例を挙げると、河川から採取する汚い原水の感染症リスクが大きくても塩素消毒で副生するトリハロメタンの発癌リスクがない方がよいか、感染症のリスクを抑えるために消毒をしたトリハロメタンを含む発癌リスクのある水を飲み続けるかの二者択一しかないというのが持論であり、リスクのないWIN—WINの方法に目が向かない。発癌リスクを下げようとするなら感染症のリスクに曝されることになり、感染症を避けようとするなら発癌は覚悟しなければならない、どちらかだという限界に囚われ、トレードオフを止揚することは考えないらしい。

リスク・ベネフィット論の分析によると、水道水を一生飲み続けた発癌リスクは十万人に二人～八人で、癌による死亡を一人減らすのに四億～十一億円の費用がかかるとされている。そこで、死者を減らすために原水の汚染がひどい一部の地域だけを塩素消毒からオゾン処理に変えればよいと考えられている。リスク・ベネフィット論では、リスク評価は予測だからリスクの推定数値が正しいかどうかを証明できないと認めているとおり、汚染がひどくない地域の塩素消毒にも発癌リスクがあることは否定できないにもかかわらず、回避しようとしない。それは、汚染がひどくない地域も含めて発癌リスクをゼロにするにはリスク削減の費用がかかり過ぎるため、コストによる判断を優先するこの理論の立場からは、発癌リスクをとことん下げようという発想は出てこないからだ。

前記の数値はトリハロメタンに関して調べた発癌リスクと対策費用であるが、水道水を消毒する時の有機塩素化合物はトリハロメタンの少なくとも数倍は含まれていると言われており、有機塩素化合物の全体による発癌リスクは十万人に約二〇人、死者を減らす総費用はもっとかさむと考えられている。したがって、リスク・ベネフィット論の立場としては、リスクの削減にかかる費用が大き過ぎるため、発癌リスクのある水を飲み続けるのもやむを得ないという結論になる。そこからは自ずと、リスクのトレードオフから抜け出すもっと安価な策を探し出そうとする視点は生まれない。

リスク・ベネフィット論の水道水を処理するという既存のベースに固着した状況から一歩飛び出してみたら、どうだろうか。パラダイム転換の発想を模索していけば、コストは問題にならない地平に到達することがある。今回の原発事故の後、東京に飛来した放射性物質から子供たちを守るため都はミネラルウォーターを配った。これは、水道水の処理をベースとした考え方から脱却するヒントである。経済的に飲み水を水道水からミネラルウォーターに変える選択肢をとりにくい所得層に対して社会政策として安全な飲料水の給付制度を導入するならば、前記の対策費用よりもはるかに安価なコストでもって飲み続ける水の発癌リスクはゼロでなくてはならないという課題をクリアーし、ＷＩＮ―ＷＩＮの道を実現できる。

リスク・ベネフィット論の欠陥は、違った発想をして救える命でも「すべてを救うわけにはいかない」とあきらめていることである。別の例では、農薬が人の健康を害するという理由で使用しなければ農地単位当りの収量が減り、もっと広い農地が必要となるため森林伐採などによって生態リスクを招く結果となる。この場合、両者のリスクを比較してどちらかを選ぶしかなく、一概に農薬の使用がよくないとは言えないという。これも、現状の土俵の中でしか対応を考えないスタティックな思考を表しており、近年の農薬を使用しないさまざまな農法を試みることによって発展解消が可能な問題である。

化学物質のリスクの大きさとその物質を使用しない別のリスクの大きさを比較して対応を決めるというように、比較だけから対策を導き出そうとするのは現状維持に止まっており、人類社会としての進歩がない。これまで私たちは使用しなくなった有害物質には代替物質を考え出しており、代替が可能になればそうした比較は無意味になる。したがって、代替へのチャレンジをまずやってみることである。

どんな場合でも必ずＷＩＮ―ＷＩＮの道があるとは限らないが、逆にすべての選択肢にリスクが存在するわけでもなく、リスクゼロのバイパスはあり得る。修復不能な領域や人命にかかわるリスクでは、ゼロ・エミッションのようなＷＩＮ―ＷＩＮの道を目指すチャレンジをしてみる発想が必要である。リスク・ベネフィット論では、非可逆的な影響を受ける場合でも、初めからＷＩＮ―ＷＩＮの道を模索する発想がなく、自ら限界を設定してしまっている。つまり、別の物質や方法への発想の転換、ブレークスルーの考え方がない。

４　危険を過小評価する政策指針

リスク・ベネフィット論では、有害物質のリスクを削減するには、必ず別のリスクの増大、すなわちベネフィットの損失を伴うと考えられている。有害物質だけにリスクがあるのではなく、全体としてリスクを小さく、ベネフィットを大きくするようにすべきだと言う。健康リスクに囚われ過ぎると化学物質から得られるベネフィットが減るリスクも考えに入れ、複数のリスクの合理的な配分を目指すしかないというようにも表現される。両者を同じリスクと考えるのが、何が何でも命を保全するという発想がないリスク・ベネフィット論の欠陥である。使用をやめることのマイナスを気にして、やめるべき物質をやめないと、過去の例では結局、犠牲は放置されてきた。使用をやめることのプラスとやめることのマイナスを同等に比較し、犠牲者が出ることにはリスク・ベネフィット論は口を噤んできたのである。

アスベストの問題がよい例であり、使用を禁止にしたら別のもっと大きなリスクが出てくるという方を強調していた。管理して使用すればリスクより経済成長に資するとして人命リスクに対して見て見ぬふりをし、わが国の禁止措置は大幅に遅れた。リスク・ベネフィット論の考え方が影響力をもち、禁止措置をとったら経済的な代償が大きいとされたが、結果は多くの人命が失われた。アスベストの問題は、この理論が命の損失のリスクと経済的ベネフィットの損失のリスクとを同じ種類のリスクだと考えており、命を保全する発想がないことをよく示している。実際は、命を保全した方が経済的ベネフィットの損失を招かないのである。

リスク・ベネフィット論は、ある有害物質が環境や人体に取り込まれる量が微量ならば有害性の強い物質であっても使用を許可してもよいという一律の考え方をするところが、もともとリスクゼロでなければならないアスベストのような物質の規制にはそぐわない。しかも、発癌性が科学的にはっきりわかっている化学物質でも規制基準値を下回れば有効に使用すべきだと主張しており、アスベストの問題でそうだったように発癌性がわかっていても禁止措置をとらない行政の間違った姿勢を修正するどころか助長する役割を果たしてしまっている。

リスクを小さく見積もって、人命にかかわる有害物質の使用を禁止にしなくてもよいとするリスク・ベネフィット論は、リスクの程度の判断になじまないものに誤った判断を下していることになる。犠牲者が出てもやむを得ないと考えることでしか問題解決の対処法がないかのように、問題対処への接近法を矮小化し、それを環境・人命と経済の両立策より優越したメインの方策、ひいては政策指針と自認するところに問題がある。換言すれば、ある有害物質に代わる代替物質が登場するまでの暫定策としてリスク・ベネフィット論は役に立つ面はあるが、自らは暫定策をメインの恒久策と取り違えているとも言える。

リスクを冒してベネフィットを得ようとする仕方は、例えば私たちが横断歩道を渡ろうとする行為のように、危険を自分でコントロールして小さなものにできる場合に限るべきものではないだろうか。一般化して言うと、リスク・ベネフィット論を適用してよいのは次の三つのケースではないか。①リスクが健康・生命と明らかに関係のない小さなリスクの物質や分野。②解決策や代替物が達成・開発されるまでの間、どうしても大きなリスクがあり得る物質や案件を必要とする場合。③抗癌剤投与のように延命のため本人自らが大きなリスクを覚悟して選択する場合。つまり、施政範囲の人々が自ら大きなリスクを回避できないケースで自決権を奪う形で大きなリスクの懸念がある物質や案件を政策化すべきではないということではないか。

ちなみに、大きなリスクとは特に人の健康が非可逆的な影響を受けるようなリスクであり、自ら回避できないケースとは日常生活の中で環境汚染物質を否応なく体内に取り込んでしまわざるを得ないことを指す。放射性物質やアスベストの飛散が典型的に示しているように、自分だけではコントロールできない、個人には如何ともしがたいリスクがある。そのため、自決権を奪う形とは、自己決定できないリスクこそがリスクの核心問題であるにもかかわらず、選べないリスクを選べるリスクと混同することで、個人で回避できないリスクを行政が回避しないことを正当化してしまっていることである。

リスク・ベネフィット論では、私たちが普段、リスクを冒してベネフィットを得ようとする行為をして日常の生活を送っているので有害物質でもベネフィットのためにリスクを引き受けるのは当然だと考えられている。しかし、リスクの問題は結局、自分で防げるか否かが問われる問題であるのに、個人の判断でやめておくこともできる任意の行為を根拠にして、人々が自分では防げないリスクを全員に強制することになってしまっている。なぜ、このような論理のすり替えが起きるのかは、リスク・ベネフィット論の理論形成の一端を探ってみればわかってくる。

例えば、私たちが交通量の多い大通りの横断歩道を赤信号に変わる間際に無理して渡るとき、心の中では自らの安全に対して正しいことをやっているとは思っておらず、無理して渡ることを正しいと思ってやってはいない、ということが重要である。なぜなら、正しいと思ってやっていないということは、効率性や経済性のためにリスクを冒してしまう行為が、リスク・ベネフィット論が予想しているようには誰もがそのようにする普遍的な行動パターンであるわけではないことを示しているからだ。つまり、「私たちが普段やっていること」イコール「いつもそうする」と混同しており、「私たちが普段やっていること」がすべてではないのに、それを一般化して理論を作っているところに問題がある。

リスク・ベネフィット論は、便益のためには犠牲は必至だという悲観的な現実観がどんな場合にも当てはまると考え、自ら普遍理論たろうとしてきた。また、必至たる犠牲は、人々が自分の責任で回避できるリスクとそうでないリスクとが混同されることにより、犠牲が大義名分を得ることになる。そんな袋小路に甘んずることなく、言うまでもなく万一にも深刻な事態に至ることが予想される場合には何としても深刻な事態が現実のものとならないように万全の措置を講じておくべきだろう。狭隘な方法を優越した政策指針だと自認することにより、政府にＷＩＮ─ＷＩＮの道を目指してあらゆる社会的な工夫を組み合わせる全体策をとらせなくさせるのではないか。

リスク・ベネフィット論は枢要を押えることを放棄しており、政府の役割や人間が社会を形成する意味を理解していない。個人の力で太刀打ちできない問題を支援する社会政策の発想が必要である。そのことは後述する。

5　確率論・確率予測の非科学性

リスク・ベネフィット論は、化学物質のリスクを被害が発生する確率だと表現し、例えば十万人に一人の割合で被害者が出るというように予測しようとする。これは、科学的に未来を予測する手法だと考えられているようだ。未来に何が起きるかは不確かにしか予測できないことを私たちは経験しているが、ある事柄が起きる割合ならわかるというわけである。しかし、ある事柄が起きる割合を科学的に知ることができるのかどうかは、リスク・ベネフィット論の成り立ちを左右する大きな疑問である。それは確率計算という方法によって科学的に知ることができると言うが、本当だろうか。

確率計算を行なうには、被害はさまざまな原因が重なって発生するという認識から、現実の問題となる原因をすべて洗い出し、それらの原因が同時に問題を起こす頻度を求めることになる。今回の原発事故を例に挙げるとわかりやすい。問題となる原因には、複数の電源やポンプなどの設備、海抜などの立地、地震や津波などの自然条件といったものがあり、それぞれに故障や激震などが起きる頻度がある。原発事故の場合、それら単独で問題を起こす頻度をもつ各変数が同時に問題を起こす頻度は、分数に分数を掛け算するので変数が多ければ多いほど低くなる。

こうした確率の出し方は、果たして科学的だろうか。どんな変数を幾つくらい集めるのか、人の主観的な判断による変数の設定が確率計算の前提基盤となっていることは客観性に欠けるため、科学的とは言えそうもない。また、各変数は独立した原因として扱われるが、先行する共通の原因から始まる変数間の連鎖反応が問題を拡大するプロセスも考慮に入れる必要があり、客観的に確率を計算することは難しく、なかなか科学的に確率を出すことはできない。

したがって、確率で被害の発生を表すという確率論の手法は掴み処がなく、実際には何の問題対処の仕方にもならない。逆に、頻度の低さが強調されることで安全対策を科学的な手段として積み上げることを怠らせることにさえなる。確率が低いから、それが的中することが無視され、思考停止が起こってしまうのだと指摘されている。だから、確率を言ったところで何になるのか、実際に何の対処ができるのか、ということになる。確率に的中した部分、すなわち被災部分は放置するという対処ができるだけではないだろうか。

実験室の中で、単独あるいは限定された変数の組み合わせによって何かが起きる頻度を割り出すのなら可能である。しかし、実際の未来を確率的に予測するのは根拠がなく科学的でないのは、現実界での物事の推移を織り成す変数群やその連鎖は全容を把握しきれず、反復性もなく不確かだからである。

また、リスク・ベネフィット論では、化学物質の発癌性は罹患リスクが確率として表現され、よく十万人に一人の割合で癌にかかるというように予測される。それを如何に小さな損失かと見せるために、一人当たりの損失余命に換算される。平均寿命が八〇歳とした場合、損害余命は約一時間という計算になり、一人当たり一時間の損失にすぎないというように主張されることがある。しかし、この換算は如何にも現実離れしている。なぜなら、個人にとっては発癌するかしないか、つまりゼロか、百％しかない。実際は all or nothing だから、確率で捉えるのは意味がない。化学物質による被害は十万分の一の確率だから一時間の損失だと言われても、ある個人一人に必ず「一」が当たるのであり、被害に遭った人にとっては確率が十万分の十万だったことと同じになる。

リスク・ベネフィット論の分析によると、水道水を一生飲み続けた発癌リスクの確率は十万人に二人～八人の割合だとされていると、先に触れた。近年、日本の死亡者総数の約三人に一人が癌による死亡者であり、そこから日本人全体の発癌率は五〇％ほどではないかと推定されている。すると、発癌リスクが十万人に二人～八人というオーダーと、死亡者総数に占める癌による死亡者が約三人に一人という割合あるいは発癌率が五〇％とは符合しない。

なぜ符合しないのかは、発癌リスクの確率を出そうとしている対象が単体の化学物質であるのに対して、私たちが日常よく接しているのは複数の化学物質による複合された有害性だからである。したがって、単体の確率を根拠に化学物質を規制するのは適切ではないと言え、前提が間違っている。市販の食品に含まれる添加物で、例えばソルビン酸カルシウム（保存料）と亜硝酸ナトリウム（発色剤）の同時摂取は発癌リスクが高いという実験結果が出ており、化学物質は複合作用をこそ検証の対象とすべきである。

また、過去数十年間の統計によると、世界的に喫煙人口は二分の一に減少しているにもかかわらず、肺癌患者は数十倍に増加している。このデータは肺癌とその主な原因とされてきた喫煙との因果関係は必ずしも明白ではないことを示しており、死亡者中の癌死比率の高さは各国の経済成長に伴う化学物質のさまざまな形態の複合汚染にやはり原因があることを物語ってはいないか。リスク・ベネフィット論のように、タバコなど何か一つの原因や物質単体の確率計算をすればよいという問題ではない。

しかも、単体の確率を出そうとしても、ほとんどの化学物質で疫学調査の結果を得るのは難しく、動物実験でも充分なデータを得られないのが実情である。かりにデータが得られる物質でも、人ではどれくらいの期間で影響を受けるのかに置き換えるのは技術的に課題が多く、不確かであって、発癌の確率を割り出せるとはとても言えない。だから、それぞれの化学物質は極めて小さな発癌の確率だと言われても意味がない。

発癌物質以外の普通の化学物質の場合、動物に対して毒性作用が現れない上限値を最大無作用量と言うが、通常その百分の一を人が一生取り続けてもかまわない一日当たりの摂取許容量としている。数値で表現されると、人々は科学的だと誤解しがちである。しかし、こうした安全係数を掛け合わせる使用基準の決め方や、化学物質の排出基準から環境基準への拡散希釈の幅の決め方など、科学は人間の主観的な裁量の介在することが多く、必ずしも客観的だとは言えず、実は非科学的なものである。科学的知見だと言われる見方も、手法の差や切り口によって結果が大きく異なってくる。リスク・ベネフィット論でも、摂取許容量がどこまで安全を保証できるのか、その不確かさを指摘している。

普通の化学物質にも増して発癌性が疑われる物質ではいっそう憶測が入ることが多く、発癌の確率を出そうとしても非科学的とならざるを得ない。リスク評価の結果が正しいかどうかを証明できないと、自らも認めているところである。また、極端に大きなリスクでさえ見逃さないようにするリスク評価の方法はなく、評価手法も科学的とは言えないため、政策に使うと間違いを引き起こす。

リスク・ベネフィット論では、微量の化学物質による有害性の強さに着目してその使用の可否を判断しようとはせず、非科学的な確率計算で発癌リスクが低いと出れば、有害性が強い物質でも管理して使うことができるとし、使用を認めてきた。しかし、深刻な事態をもたらすことが予測できる場合はもちろん、データが明らかでなくても疑わしさが残る場合も最悪の事態を予想して対応すべきであり、確率の世界に入ってしまって見切り発車すべきではない。

６　原発事故に至る社会的な背景

原発も確率計算が信奉され、重大事故の確率は低いと信じられてきた。原発事故は起きる確率がきわめて低いと言い出したのは、一九七五年の米ＭＩＴ教授・ラスムッセンによる報告である。リスク・ベネフィット論で公害がもたらす死亡はタバコの害や交通事故による死亡よりも確率が低いと主張しているように、この学問の追い風を受けて、原発事故による被害は隕石の落下による被害と同程度の確率であり、他の事故や災害による被害よりも低いことが確率計算で出せるとされた。

ラスムッセン教授は、メルトダウンとよばれる炉心溶融に至る重大事故は機器の故障や人為的なミスが重なって起きるとし、それぞれの確率を出して掛け合わせ、メルトダウンが発生する確率は十億年に一度だと算定した。

同時に算出した自動車や航空機の事故、竜巻やハリケーンなどより事故の頻度が極端に低いと発表し、米原子力規制委員会や産業界など多くの支持を得ていた。

しかし、早くも四年後の一九七九年に起きたスリーマイル島原発事故でラスムッセン報告の確率計算に根拠がないことが露呈した。その後、一九八六年にチェルノブイリ原発事故、そして今回の福島第一原発事故と、たかだか数十年の間に重大事故が三回も起きてしまい、事故の確率は天文学的な数値化のような遠い将来のことではなかった。

ラスムッセン報告の予測よりはるかに重大事故の確率が高い結果となったことは、確率は科学的に割り出すことが難しいにもかかわらず、社会に原発を受け入れさせるために重大事故が起きる確率を敢えて驚くほど小さく見せかけたのではないかと疑わせる。これはまさしく科学的な手法を強調することで、危険を小さく見積もって安全対策を疎かにし、それによって大きな便益を達成しようとするリスク・ベネフィット論の考え方である。

アメリカには早くから原発の立地は住民がほとんどいない低人口地帯にしか建設できない立地規制があるように、いったん原発事故が起きると深刻な結果をもたらすこともあると関係者の間では認識されていた。かりに確率は低くても、事故の危険性があることは否定できないという認識だ。そんな懸念を払拭するのに、リスク・ベネフィット論が確率という科学的な装いで目眩ましの役割を果たしたことになる。

ただ、原発に対する疑念も強まっていった。スリーマイル島やチェルノブイリの事故によって、複雑な巨大技術を人間の能力がコントロールすることの難しさを世界は知らされた。もともと原子力プラントには欠陥があって、それが機器の故障を助長したり、人為的なミスがあったり、自然現象も加わるので、どれも把握しきれない不確かさをすべてコントロールしきるのは難しく、原発は人間には制御不能な技術ではないかと印象づけた。

しかし、私たちの発想には、それでもまだ無理を通そうとする性質が内在しているようである。そこに、リスク・ベネフィット論が社会の無理を原発に担わせることに、効力を生じる余地があったことは否定できない。

私たちの発想に、社会に、無理があるというのは、科学的に確立していない未熟な技術でも破格の収穫物を得ようとする点に見てとれる。原発は正にその典型である。しかし、今回の事故が見せ付けたように、いったん深刻な事故が発生すると被害の甚大さから、国が再起できるかどうかさえ疑わせるほどであった。未熟な技術によって、破格の収穫物どころか、回復困難な打撃を被ることになる。危険を小さく見積もって大きな便益を達成しようとするリスク・ベネフィット論は、そんな巨大な危険性をはらんでいることを示している。

無理をしようとするのは、日本で昂じた。ラスムッセン報告はわが国にも伝播し、産業界や多くの研究者を席捲した。原発は重大事故を起こす確率が低いということで、万一の危険性を無視する見方は、日本でも浸透していったと言われている。

国は当初、一九六四年に決めた原発の立地指針で、万一の事故で公衆に著しい放射線災害を与えるかもしれないという表現を使って、そうした事態を防げるような非居住区域や低人口地帯に原発は設置すべきだとした。しかし、一九六七年に建設が始まった福島第一原発の立地審査に際しては、原発は安全でないという認識がありながら、重大事故は起きないことにして、現地が低人口地帯でないのに建設を許可したことで、無理があった。

そこには、当時東京電力でも非常用発電機の故障は千回の稼働で一回、二台あれば同時に故障するのは百万回に一回の頻度だと試算したような確率という考え方の影響があった。確率が低いと言われれば、稀にしか的中しない深刻な事態は無視してよいと思考停止が起こってしまい、無理をしやすい。しかし、実は地震や津波による被害をカウントしていない安易な計算が多かった。スリーマイル島原発事故後の一九八〇年代に至っても、アメリカでは重大事故への警戒を強めていたのに対して、日本では原発メーカーなどで原発がメルトダウンを起こす頻度は七八〇〇万年に一回と試算をするなど確率の考え方に対する信頼はなお厚かった。

また、東京電力が福島第一原発に導入した原子炉は、設置する個別地域の地理的条件を配慮しないマークⅠという規格品だった。マークⅠの設計規格では、冷却水となる海水を汲み上げるポンプは海面近くに、非常用発電機は海側のタービン建屋の地下に設置しなければならなかった。安全性を重視して設計の変更を求めたら追加費用が高額となるため、東京電力は経済性を優先して規格どおりに設置し、以降改善せずに事故の日を迎えてしまった。そもそもマークIは安価な普及型のため小型であり、大量の水素が発生した時にうまく放出できなかったり、圧力容器への注水も難しかったり、設計上の欠陥が少なくなかった。それでも、安全性を軽んじる無理をしてでも導入に踏み切ったのは、コストの安さ、経済性が決め手だったと、当時の担当者は述懐する。

リスク・ベネフィット論がある有害物質を使用するか否かを決める時も、その物質の便益と不使用の不利益、加えて前記のマークIで言えば安全のための設計変更に当たる、リスク削減の費用も勘案して決める。しかし、確率計算で低いと出たリスクの影響に対して、そのリスクの削減に要する費用が見合うかどうかが問題にされるのであって、有害物質の使用可否の選択に環境や人命への安全性の視点が不十分なのが特徴である。したがって、マークIの導入は、コスト増を嫌ってリスクを防がないリスク・ベネフィット論の考え方と一致している。

一九七〇年に四国電力が建設計画を発表した伊方原発でも、推進派は事故のリスクが百万分の一の確率だから無視できるとし、リスク・ベネフィット論の考え方で原発の誘致を進めていた。当時、原発設置反対派との伊方原発訴訟で、深刻な事故が起きる確率は百万分の一だと証言した内田秀雄東大教授の著書『機械工学者の回想科学・工学・技術』に明確なリスク・ベネフィット論が展開されており、次のように述べられている。

「原子力利用のプラスの社会的意味・効果と事故によるマイナスの影響・リスクの潜在性との比較が行われる必要がある。無視できる程度のリスクは受容可能であるということで、原子力発電の利用が容認・推進されるということの認識が大切である。」

原発事故の確率は百万分の一だとした根拠として、ラスムッセン報告を挙げている。原発の便益を考えればその程度のリスクは無視してよいと主張したのに対して、原告側は百万分の一でもゼロではないと反論した。推進派も原発が安全だと確信していたわけではなく、ゼロ想定ではなかった。

これまでの原子力政策では、危険性は拭えないと知りながら、見切り発車で便益追求の道を進むことを正当化する論理は、福島第一原発の立地審査で国民が便益を享受するためだからとして、低人口地帯とは言えない地域に無理を押し切って建設許可を出したことに始まり、その後も変わっていない。原子力政策を決めてきた専門家たちは、確率の低い事故は無視できると考え、安全対策のレベルに線引きをし、一定以上の危険性に対しては考えないでおこうという割り切った態度で臨んできた。まさかの心配にいちいち対応していたら費用がかかり過ぎると考え、安全対策を安上がりで済ませた。その分、電気料金を安くできるとして経済成長に資することを重んじた。

原発は充分な安全対策には費用がかかり過ぎると言うが、逆に安全を怠って事故が起きるとそれ以上に途方もない費用がかかる。過去をみると原発は事故の危険が小さくないし、原発事故がいったん深刻な状態に陥ると、経済的にも国際的にも影響が果てしなく広がるという重大な結果になる。したがって、原発は事故が許されない施設であると共に、しかも事故以外にも使用済みの核燃料廃棄物の問題や耐久年限使用後の原子炉解体の問題がある。これらについても事故への対応と同じように、現存の科学技術で対処できる確信を人類は得ていないのに、専門家たちはその危険性に対しても無視の態度をとってきた。

使用済み燃料の最終処分は事故と変わらず危険だと言える。廃棄物のコンクリ詰めがチェルノブイリの石棺のように老朽化し、放射能が飛散するからだ。やがて地球上が放射能漏れの石棺で充満する。命が脅かされるのであれば、放射能が飛散する危険があっても経済的便益が大きければよいとする考え方はなじまない。

にもかかわらず、今後は原発の安全性を確保することが大切だと言われているが、深刻な事故と使用済みの核燃料廃棄物と耐久年限使用後の原子炉解体という原発の三大問題のすべてが未だ制御不能なのだから、原発の技術は未完成の技術であり、科学的な技術ではないと言えそうだ。科学的な知見が充分でないのに見切り発車していいものかどうかは考えてみなければならない。

問題は、考えることなく、制御不能な技術をこれまで使ってしまったことであり、これからも使ってしまうかもしれないことだ。科学的な知見が不充分なら、どれだけの影響があり、受け入れ可能かどうかを考えなければならない。制御不能で、確率は低くても確実にリスクのある技術はやめた方がよかったばずだった。しかし、私たちは身勝手な扱い方で、扱ってきてしまった。

一九八一年に一般の人々を対象に行なわれた原発の立地に関するアンケートで、八〇％近い多数の人が原発は必要だと答えていながら、原発が立地していない都市の人々は自分たちの身近に原発が設置されることには六〇％を超える人が反対しており、賛成と答えた人の三倍に達した。原発は必ずしも安全ではないという暗黙の了解があった。

私たちの社会は正に、無理をして安楽な生活を追求してきた。繁栄と豊かさのためには、多少の人なら被害を被っても仕方がない、やむを得ないと、私たちは思ってはいないか。おおかた自分たちは犠牲者の中に入らないだろうし、誰だか知らない他人なら犠牲者が出てもやむを得ないと思っているのかもしれない。

今回の原発事故の後、原子力安全委員会の委員長歴任者が原発の安全対策に過失があったと認めて陳謝したが、彼らにはこんな社会に導いてきた責任もある。また、彼らを重用することで人々の欲望に合わせるポピュリズムを推進してきた歴代政権と、そんな政権を包容し華美放縦にはやる大衆消費社会の生きざまは強く問われなければならない。

7　個人フォローの要素を政策に

繁栄と豊かさを得るために私たちは危険に対する警戒心を怠り、とりわけ自分たちが作り出した危険に、どの人も何時なんどき曝されるかわからない社会を作り上げてしまった。この社会の姿はちょうど、リスクとは一定の割合で誰かに被害が訪れると予測するリスク・ベネフィット論によって、それが確率の予測でありながら、誰でも被害に遭う可能性があることと一致している。たとえリスクは十万分の一の確率だと言われても、事実上その中に誰もが入り得るのだから、リスクの確率を割り出すことに意味がないというだけに止まらない。犠牲はやむを得ないとする広く行き渡った人々の考え方を母体にして、リスク・ベネフィット論は個々人がリスクを免れ得ない社会を助長してきたことに問題の本質がある。その問題点について、こだわっておく必要がある。

少数の犠牲者を出しても経済的な便益の拡大を目指すリスク・ベネフィット論では、誰もがその少数の犠牲者になり得る反面、被害の少なく済んだ多数者が絶えず存在することによって社会全体を持ち上げ、経済成長に支障をきたさないことが主眼となる。誰にも可能性がある犠牲者への転落を容認し、結果として誰でもかまわない多数者が残ればいいとする考え方は、個人を大切にせず、個より全体を優先する全体主義の色彩を帯びている。エネルギー政策や環境政策がリスク・ベネフィット論に浸潤されてきたことで、社会的便益という社会全体の公共性が偏重されることによって個人が犠牲となってきた。

もともと公益は個人の利益より優先されるものだが、放射性物質や有害化学物質など命にかかわる問題では、誰もが犠牲者に転落する可能性がある中で全体としての公益を掲げてみたところで意味がなく、その本来の価値が成り立たない。したがって、エネルギー政策や環境政策では、公益を個人の利益と対立させず、個の尊厳を確保しようとすることで真の公益が実現できる。すると、エネルギー政策や環境政策はリスク・ベネフィット論の影響を受けないようにすることが必要となる。

その影響を脱するには、リスク・ベネフィット論の誰もが犠牲者になり得るという問題点を考え合わせると、放射性物質や有害化学物質などの被害者を出さないようにすることは、社会構成員のどの個人をも眼中におくようにするのでなければならない。ポイントは、人々の一人ひとりに対して個別に救済しようとする社会保障、社会福祉など社会政策の指針を取り入れ、環境政策で言えば環境社会政策に変貌することである。手法は、危険を冒さない政策の立て方を目指すことになるので、ゼロエミッション主義に行き着く。

従来は、ゼロエミッションでなければならない物質を区別しなかった。放射性物質も以前のアスベストと同じ発想で、管理してやっていけると考えていた。濃度を薄めればよいわけではなく、放射性物質は時間の経過に伴う濃縮を阻止するために総量を極端に減らす必要があり、できれば環境から排除しなければならない。

リスク・ベネフィット論の影響を受けるエネルギー政策や環境政策によって脱落した犠牲者を既存の社会保障のセーフティネットで救済すればよいと考えるのではなく、社会政策を環境政策の分野にまで広めることは、環境政策の中に個人フォローの要素を組み込むことである。なぜなら、そうしなければ、環境政策の結果ある人が死に追いやられた後からその人をフォローしようとしても間に合わず、放射能汚染や公害被害では現状のセーフティネットは整合的でなく、順番が逆転しているからである。

例えば、医療保険や失業保険、生活保護などの公的扶助は事後にセーフティネットで受けて救済する方式をとっているが、人命に影響が出る環境政策もそれに倣って被害が出た後で医療など他の公共政策に自らの不備の処理を任せているのはおかしい。環境政策はそうした事後救済の公共政策とは性格が違って、敢えて事前に社会政策の要素を組み込んで被害を抑止するようにしなければ、環境政策として完結しているとは言えず、自らの役割を放棄していることになる。

では、具体的にどう個人フォローの要素を組み込むかは、国の放射能行政で言えば、脱落する恐れのある社会的弱者に対する配慮が不足してきたことに着目すればよい。例えば、子供に対する放射性物質の影響は低線量被曝でも大人の二倍から三倍も発癌リスクが高まると言われている。感受性が強く被害を受けやすい子供や病弱者に基準の焦点を合わせるべきなのに、これまでそうはなっていなかった。リスク・ベネフィット論は社会的便益のためには犠牲が出るのはやむを得ないとする考え方が根底となっているので、被害を何が何でも防ぐという意欲に欠けていたのがその大きな原因であろう。

エネルギー政策や環境政策が正当かどうかは、個々人が受忍させられる損失が不可逆的であるかどうかが識別のカギとなる。つまり、ゼロエミッションをどの線、どの時点で決めるかは、生命が関与する場合であり、生命の保全が怪しいと認識した時である。しかし、リスク・ベネフィット論は、環境や人命の社会的損失に至るリスクを見逃さないようにする効果よりも、費用の面で社会的損失が大きくなる方を懸念するのである。

８　マルチセントラル化の実質化

リスク・ベネフィット論では、社会の維持と繁栄が目指され、そのための不特定多数の人間集団が存在し続ければよく、具体的な個々人として被害者が必ず出ることには関心がない。こうした社会のあり方は、生存環境から脱落する弱者以外の種族の群れによって、その生物種が最強状態に維持されるような進化論的な自然界の成り立ちに似ている。リスク・ベネフィット論と自然界の成り立ちの共通点は、個のそれぞれが自分を持った主人公であるにもかかわらず、個々の尊厳は尊重されず、全体の枠組みの維持やそのための不特定多数の動員が重視される全体主義的な傾向である。

なぜ、社会を管理する政策指針が自然界の成り立ちに似ているのだろうか。私たち自身を振り返ってみると、私たちは見ず知らずの他人を身内や親しい友人のような個別的存在とは認識できず、不特定多数として捉えてしまう全体主義的な傾向を備えている。人類は悠久の太古から、自然の中に在って自然界の成り立ちの浸透を受け、すでに遺伝子の中にまでそうした形質が組み込まれているのではないかと思えるほどである。そこで、自然界の全体主義的な傾向は社会を形成する人間たちを媒介にして社会の成り立ちに踏襲され、社会はその基本構造が決められてしまった。

つまり、個の尊厳を蔑ろにする「自然の欠陥」が浸透して、犠牲はやむを得ないとして人間個人を大切にしない「人間の失敗」を生み、そうした人間たちが社会を作り上げることで「社会の失敗」がもたらされた。ただ、「自然の欠陥」という受け止め方は、人類が自然界の浸透を受けつつも自然界を相対化して認識し始めたことを表す。本来は中立的である自然のありのままの姿に対して、人類の意識が覚醒して個の確立が進むにつれて距離をおくようになり、苛酷で猛威を振るって個の尊厳を打ちのめす自然のあり方が、人間にとっては欠陥という性格をもつようになっていった。

その後、人類は動物段階をテイクオフしてからは急速に自意識の意識覚醒度を高めた。一定の歴史が経過する中で、カール・マルクスが空想的社会主義者と呼んだ人たちが、人類の覚醒に対応した社会の枠組みを作った。自意識の意識覚醒度が高まっただけ、悲しさや苦しさを強烈に感じるようになった個々人の居心地の状態が重要度を増した。個々人にとって自意識が覚醒することで、それぞれが自らを主人公と感じるマルチセントラル化が強まったわけだが、そのことに対応するような個々人に光を当てた社会の枠組みを構想したことに空想的社会主義者たちの功績があった。自然界の全体主義的な傾向の中で個々人がマルチセントラルとなった人類のレベルに適合するように自然と人類の落差を縮めようとして、人間個人に対応する形に社会の制度を持ち上げようとしたのである。

それは、個々人の尊厳を制度的に救済する社会政策である。固有名詞を持った具体的な個人へのやさしさを、そういう心を人間関係だけでなく、システマティックなやさしさにして社会制度の中に入れ込んだのだった。いわゆる個の尊厳の確保とは社会構成員個々人のマルチセントラル化を制度の上で実現することだと理解すべきであり、そうすることで肝心な意味が吹き込まれる。その具体化は社会政策の指針によって例えば環境政策の中に個人フォローの要素を組み込むことであり、それによって環境政策に対してマルチセントラル化の実質化を図ったことになる。

空想的社会主義者と呼ばれた人たちに始まる社会政策によって、人間らしい心を制度に入れ込んだ枠組みが人類社会に出現した。社会主義が抱かれているイメージは「公共」や「集団」だが、実は逆であり、社会政策は社会による政策的な個人のフォローを志すように、「対個人」が出発点であった。したがって、歴史上の社会の趨勢が全体主義的な傾向だったことへの逆行として、空想的な社会主義や、それに起源をもつ社会保障、社会福祉など社会政策の考え方が出現したのだった。しかし、人類社会で永らく持続してきた趨勢の中に出現したという事実は、今日でも今後も、持続的で全体的な社会の趨勢はそうではないという証拠だと、如実に物語っているのではないだろうか。

つまり、これまで持続してきた社会の趨勢は、私たちが自然界から受け継ぎ、今日まで伝えてきたということが示すように、人類史の本流となっている。その本流を形作っているのは自然界に根差す全体主義的な傾向であり、それは社会が自然界を踏襲した「社会的自然」という安定した状態で私たちの生存の基盤となっているからには、そう簡単に潰えるとは考えられない。そこで、とりわけ全体主義と正反対である社会構成員個々人のマルチセントラル化の実質化へと、事態を敢えて変えようとする意図的な主体性を発揮することが社会の趨勢を転換するポイントとなる。そのように「対個人」へと故意に仕向けないと、私たちは自ずと歴史の本流に引き込まれたままになってしまう。リスク・ベネフィット論もまた「社会的自然」であって安定していることで、科学的な理論を装い続け、「社会の失敗」が社会に居座ったままになってしまう。

ここまで、歴史の人類らしい到達段階の社会政策的な社会像について話してきたが、そうした社会像の追求と同時に、人間を「野生に曝す」競争的な社会環境を織り込んだ複層的な社会像の追求も必要であることについて、これは主題ではないが、社会政策は人間を甘やかすのではないかという誤解を避けるために一言付け加えておきたい。なぜ後者も必要かは、人間は自然界の成り立ちに浸透された存在なので、いわば自然のエーテルに浸潤された人間の欲望的で怠惰な性質を規律ある自律化に向かわせるためである。

ただし、個々人では無力な事に対処するのが社会を形成した意味であると考えたとき、その意味は歴史の本流に抵抗する社会政策の人間個々人のマルチセントラル化を実質化する営為によって達成されることを忘れてはならない。

9　欲求の変容と不要な文明

社会政策で人間個々人のマルチセントラル化の実質化を実現するには、技術・文明は前進する必要がある。なぜなら、社会構成員のマルチセントラル化とは、その対象となる全体主義的な傾向は自然界の成り立ちに由来するからであって、「自然の欠陥」を乗り越えなければならないからである。今回きわめて明らかとなったように、原発は手に負えない技術なのでやめるべきだが、それでも自然界の方が桁違いに悪辣だったではなかったか。津波に多くのマルチセントラルの可能性が踏み付けにされてしまって、正に「自然の欠陥」である。

「自然の欠陥」を乗り越えるには、人知の及ぶ限り技術・文明を追求するしかない。技術革新は英知を働かせることであるが、その否定は頭脳を使わないことになり、新たな脅威の出現に対応もせず、自然界の苛酷さも改善しなくてよいことになってしまう。それでは、自然界の成り立ちを生き抜けない。私たちは全体主義的な自然界の成り立ち、そしてその自然の成り行きとしての偶然による不公正に対抗しなければならないのに、自然界の恵みをもたらす面を過度に評価して自然を楽観する向きがあり、対抗の矛先を鈍らせる。しかし、「自然の恵み」とは自然界のプラグマチックな用途に対する評価にすぎず、自然界の構造に対する評価ではない。要は、自然界の構造をどう評価し、「自然の欠陥」をどう乗り越えるかである。

もう一つ、「自然の欠陥」を乗り越えるのに重要なのが、必需性の変容という認識である。生命保持や健康のニーズを満たした上で、個々人の欲求や最低限の必需性は発展するものだと考えた方がよく、技術・文明を前に進めないと、新しさを求めていかないと、発展していく欲求や必需性を満たしていけない。新しさを欲する人がいるなら、それが環境と人命にとって良くさえあれば、充足されるべき個の尊厳として承認してもよいと言えよう。

ただ、脅威や苛酷さを脱するためや、新しさを求めていくと、原発や有害化学物質など歪んだ技術が現れることは避けがたい。そうであっても、知り得る限りの回避をしながら、歪んだ技術に先手を打って歯止めをかけながら、文明は進めていくべきではないか。悪質な文明は削除しながら、健全な文明を発展させるのが正統な考え方である。原発のようなユートピアイズムの鬼っ子の発生をもって、文明の進展に消極的になるのは間違いだろう。

以前、ノーベル平和賞のマータイさんは「もったいない」をモットーに、無駄な消費をしている文明を戒めた。しかし、無駄か無駄ではないかの基準は境が曖昧であり、欲求や必需性が発展していくにつれて変化する。また、人間個々人の精神的な欲求を配慮すると、何が無駄かは不明な場合が多い。欲する人がいる新しい文明の追求は、環境や人命に抵触しない限り、尊重されてよい。

したがって、マルチセントラルの可能性の視点からは、文明を作り上げる理念としては、無駄をなくすというより、害をなくすという捉え方をすべきではないか。浪費しないというモットーは実用生活上の概念であり、これを社会発展や国家建設の方向概念とすると間違える。無駄か無駄ではないかを発展の基準とするのか、それとも有害か無害かを発展の基準とするのか。有害か無害かの方が社会発展を考えるときに必要な基準であり、基準化できる概念でもある。結局、社会発展の方向概念として重要なのは、必需性の発展と悪質文明の削除という二つであろう。

このように考えてくると、技術・文明の追求や合理性、効率がいけないのではなく、不当な技術・文明がいけないのである。その基準はマルチセントラルの可能性を損ねるか否かである。リスク・ベネフィット論は不当な技術・文明の追求をやっていると言えよう。リスク・ベネフィット論の射程と照準では、マルチセントラルの可能性を損ね、人間個々人に対してマルチセントラルな主人公を主人公でなくさせてしまう。

誰もがマルチセントラルであるはずの個々人が、社会の中でどのように遇されるべきで、また主体的にどう自己を展開していけるかが問われている。

第2章　環境社会政策学序説

1　公共政策の本質構造

人間や人間たちが構成する社会の問題は、本質的で大局的な見方をすれば、自然界での共生の大半を占めている敵対的共生によって特徴づけられる自然のあり方に、その問題性の意外にも直接的な源泉がある。敵対的共生とは、サバンナの草食獣が肉食獣に捕食される典型例が示すように、どの個体にとっても死という大きなリスクを負っていながら、種全体としては一部が間引かれることによって種の保全となってかえって有利になるという、個の軽視と全体の偏重とをその主要な性格として成り立っている。しかも、軽視される個は、捕食される草食獣のみならず、肉食獣の側も捕食できない場合の、共にその時々の弱者であり、個の軽視はそうした弱者の間引きとなって具現し、それと表裏一体を成して相対的な強者による全体の偏重を結果している。

そこでは、どの個体もが弱者へと転落し得る危険をそれぞれが回避すべく自己保身で精一杯なため、基本的には他者のことはかまっていられず、脱落していく仲間に対してどうしてあげることもできない、見捨てるしかない「仕方のなさ」が、彼らをして互いに顧みれない、そして顧みないようにさせ、生き残るということを通してその者たちに全体の枠組み維持に貢献する役割を演じさせている。こうした「仕方のなさ」という自然の成り立ちの中で同じく育ってきた人類も、元来その感覚と行為において究極的には人間個人を大切にしない、結局は個の尊厳にこだわらない傾向を育んできている。そして、そうした人間たちによって形成された社会は個より全体を優先しがちな色合いを帯びる。すなわち、仲間を慈しまないようにさせる自然の成り立ちは、その浸透を受ける人間たちを媒介にして社会の成り立ちに踏襲され、個が粗末に扱われる全体主義的な自然と同根の問題性によって社会はその基本的な機構を決定づけられる結果となっている。

しかし、それは、個を犠牲にしながらも全体の枠組みを維持する自然のしっかりとした構造ゆえ自ずと踏襲され、また踏襲されたのがしっかりとした構造ゆえ社会全体を容易に機能させ、スムースに展開させるのに有効かつ安定した構造を成している。現代社会のあり方は西欧近代思想に大きく負っているが、中でもそのようにしっかりとした自然の成り立ちを踏襲し、全体主義指向を安定的に今日の社会に流布させ、今後も根強い勢力を保ち続けるであろう代表格が、社会形成の理念としてジェレミー・ベンサム（Jeremy Bentham 1748–1832）によって最も明確に定式化された「最大多数の最大幸福」原則を標語とする功利主義である。

社会形成の理念を実社会で具体化させる主要な方法は公共政策だが、その最も有力な推進イデオロギーとなっているのが「最大多数の最大幸福」原則である。それが、典型例としては、平和的な公共性充足のための土地収用は補償付きで公益にかなうとする根拠とされていることなどは言及するに及ばない。公共性とは個人性をそれと対置し、抑制の対象とするが、そうした土地収用の場合は社会的有用性としての公益を個人の私的な利害関心が損なうとして規制されるのは正当かもしれない。それは公益を追求しても自由の乱用を受忍させるという意義をもつが、「最大多数の最大幸福」原則に基づく公共政策が大いに誤って取り扱ってきたのが公害被害であり、問題はその場合の自由であるべき個別的利益を同じように公共性と対立する概念として捉え、侵害してきたことである。

例えば、古典的な都市交通大気汚染にしても、アスベスト、原発事故の放射能汚染にしても、その犠牲者となるかならないかは確かに個別的利益に関することだが、それは犠牲者にならない当然な自由の享受を受忍させられ、不可逆的損失を甘受させられるところが異なっている。ある公益の追求が正当化できるかどうかは、受忍させられる損失が不可逆的であるかどうかを識別するのがカギである。しかし、目下の受忍限度論はその点を識別せず、対象はなお全体が優先されてよいほどの社会の中の少数者だとして、それを超えるところに公益を設定し、その不可逆的損失を受忍させているために、公共政策を個を軽視する全体主義の範疇のものとしてしまっている。生命現象のプロセスは不可逆性に支配され、生命の存在にかかわる個の尊厳に対してはいかなる補償も不可能だから、そんな場合はどんなに大きな公共性充足を見込めると思えても、それとの引替えにただ一人の犠牲者も出してはならないことは理解しやすい。

しかし、さらに議論を厳密に進めれば、それに加えて、ただの一人たりとも犠牲者を出せないのは、誰もが犠牲者の中に入り得るため、結果として派生する重要性だが、社会構成員の全員が犠牲者になりかねないという万人の問題に連なっているからだとわかってくる。それは、単純に社会的弱者が「最大多数の最大幸福」原則からもれる脱落者となるという結論に止められず、通時的にみて犠牲者がたとえ常に「社会の中の少数者」であっても、万人が弱者に転落する可能性をはらんでいることによって、誰もがその少数者たり得るので、「最大多数の最大幸福」原則自体が、単なる人間一般を包括するにすぎないものであり、形骸としてしか成立し得ないことを表わしている。だから、「最大多数の最大幸福」原則に基づく公共政策は、「公共性充足を見込めると思えても」、擬制の公益実現に終わって、結局、先に述べた自然の成り立ちが端的に示すように、全体主義の究極の性格たる全体の枠組み維持だけに帰着する。現に、原発事故の放射能汚染が被害への防衛を難しくしている点でそうした恐れを示しているのみならず、都市交通大気汚染も生活空間に充満することによって公益ならぬ公害を呈しているわけだが、詳しくは後述する。

このように、個より全体を優先する目下の公益指向は、その「公」と見立てている受益対象の誰をも脱落者に仕立てる可能性が常にあることから、実質的には社会全体の公益として成り立たない、すなわち公益の崩壊という自己矛盾を内包している。したがって、実は、生命の存在にかかわる個の尊厳が確保されるべき個別的利益は「公共性と対立する概念」ではなく、個の尊厳の確保こそ公益の真の意味である。つまり、本来、公共政策が目指す公益とは、社会のあり方ゆえ犠牲となる個人を一人も出さないように心掛け、もし犠牲者が出たら一人残らず救い上げるべく個の問題に焦点を当てることだという逆説的な内容を有するのである。

しかるに、英知あるはずの人間社会において今なお、公益を追求して公益にならないという内部矛盾を示す公共政策が罷り通っているのは、すなわち人間社会がそうした成り立ちになっているのは不思議なことである。なぜ人類は、こういう社会しか持てなかったのか。それは、人類が自然を踏襲した社会しか築けなかったからであり、人間社会は自然界と同じように生存能力主義によって社会を成り立たせることになったからではないか。換言すれば、それは、先に述べた自然の成り立ち同様、潜在的にその時々の強者に全体の枠組み維持が委ねられていることから帰結する必然的な結末だと言えよう。

社会の相対的な強者がその生存能力の強化拡張によって擬制の公益を実現しようとしてきたことで、これまでの人類史は一貫して変わっていない。近代以降とくに、生存能力のある者が社会の経済的な底上げを進める仕方で自由、平等、民主、人権といった形式的価値を社会制御システムとして可能にしたことによって、そうした趨勢は定着していった。すなわち、強者が経済成長を図って生まれた余剰で弱者は潤う代りに、社会のあり方ゆえの犠牲を背負わされる取引を強要され、社会構成員の間での優勝劣敗が正当化されているのである。そして、強者依存の弱者救済を強者が納得するためには、強者に所属するより多くの余剰を生み出す余地を保証する経済成長主義でなければならず、それは富の産出手段たる企業、そして企業活動の総和としての産業界に頼った国家運営をもたらす。そうした産業界牽引型国家体制では、強者の余剰と利便性の追求によって不必要な部分にまで肥大化した物質文明が作り出され、それを支える経済のキャパシティ自体を全体的に保持増強することに主眼がおかれる。したがって、そこでは、その全体社会指向に沿った Population Risk の規制しか眼中にない環境政策によって、不必要なほどに文明が余力を持つに至ったにもかかわらず、それが有害な肥大化でもあることから、その時々の弱者に対する Individual Risk は配慮されず、個の尊厳を確保しようとする正当な公益ではない擬制の公益が実現されているにすぎないのである。

しかし、経済的に少々潤っても、有害な肥大化に向かう余力ある文明が覆う全体社会の犠牲となる脱落者が当然のように常に存在するのは、人類の知覚・知性のレベルからすると承服できることではない。全体主義的な自然の成り立ちを踏襲したこんな社会の成り立ちに対して、根源的に反抗し得る方策と意志が今後求められ続けるだろう。人間個々人誰にも実質的な安寧を与え得る社会こそ真の公益を実現した社会と言え、公共政策は個の尊厳を完全に救い上げられなければならない。そうした公共政策をリードするのが、環境政策である。なぜなら、環境問題は不可逆的損失を伴う蓋然性が高いことによって、Population Risk に照準を当てていたのでは奏功した有効な環境政策とはならず、Individual Risk がクリアーされて初めて、それが中心となって環境政策としての意義が達成されたことになるからである。

２　環境政策の根本方策

では、目下の環境政策を実際にはどのように改変すればよいのか。それは、現行の規制政策の挫折を克服する新たな政策パラダイムの模索が焦点になるが、その目指すべき根本方策を明確にしていきたい。

(1)　基準設定による規制政策の限界と減量化

今日なお解決が難しく、相変わらず深刻なことで古典と化した環境問題として、幹線道路を中心とした自動車による大気汚染がある。この問題を打開すべく通称自動車ＮＯｘ削減法による指定地域の総量規制が試みられたが、改善がはかばかしくなく、結局は大幅な排気低減および燃費向上という環境保全の方向に技術開発を進め、その成果である低公害車への代替によって従来車を減量化していくという考え方が最も重要であることがしだいに明らかになってきている。

環境基準を超える道路の大気汚染を解消するには、公共旅客輸送と大量および共同貨物輸送への転換による輸送の効率化や、管制システムの高度化と渋滞緩和による交通の円滑化などの総合交通対策によって、自動車走行量を抑制することも必要であるが、低公害車に代替することで従来車の減量化を図っていくことがより実効性がある。それには、各種規制の策定と厳格化や、価格誘導シグナルの導入と駆使を急ぎ、低公害車への技術革新およびその大量普及を早急に促進することによって、そうした技術開発や普及のプロセスで道路環境規制基準を暫定的に策定しても、それが近い将来に不要となるような環境保全に関する公共政策の枠組みが望ましいわけである。

なぜなら、単体排出源ごとの排気を規制する排出基準を各車輌が守っていながら、地域環境の保全という総体の規制を意図した環境基準が守れないことや、環境基準が人体への毒性に関する閾値に抵触しないように策定されているにもかかわらず、排気排出源の至近距離では車輌一台の排出基準許容排気量でもその閾値を上回ってしまうことなど、本来排出基準と環境基準との間には相関性が考慮されているはずなのに、両者間には不整合があり、基準設定による規制政策には原理的な矛盾が内在しているため、それを昇華解消する方策が考えられなければならないからである。それは排出基準が規制する汚染物質濃度が広域に拡散することによって、人間の健康に危険のない地域環境水準としての環境基準を満たし得るという、両基準間に汚染物質濃度の希釈効果が期待されているところに問題があり、交通量が多く、渋滞も頻発する都心の幹線道路は言うに及ばず、流れのスムースな郊外の沿道でも、あるいは路地を通る一台の車輌であっても排気排出源の至近距離にある通行人にとっては希釈作用は機能せず、濃度低減の効果はほとんどない。

環境基準は広範な地理的範囲に適用される概念であり、点適用概念の排出基準が守られても、排出汚染濃度に対する希釈の程度は汚染発生源からの距離によって差があるため、汚染発生源の至近地点では環境基準が達成できない事態も当然に起こり得るわけである。そこで、どの地点でも環境基準が達成できるように排出基準を決めるとすれば、排出基準が許容する排出汚染濃度がその排出源至近距離で環境基準を守れるように決めるしかない。すなわち、汚染発生源の至近地点での環境水準が問題なのであり、そこでの排出汚染の総量が人体への毒性に関する閾値以内となるように、例えば沿道など汚染発生源の総体に関して閾値評価を行なって単体規制基準として割り出された排出基準を決めなければならないのである。そうした基準策定の方法には事実上無理があるかもしれないが、少なくともそれは目下の緩過ぎる排出基準を絶対的に安全な規制水準にすべく、単体排気の許容濃度を極端に抑えて汚染の排出を限りなくゼロに近づける必要性を意味している。そのためには、低公害車を大量に普及させる施策の推進しかないのである。

そうしたテクニカルな欠陥を放置せざるを得ないより本源的な、基準設定による規制政策の限界として指摘しなければならないのは、人間への健康リスクの評価および管理が標準的な人間を前提として一律にそして定量的に行なわれ、個々人の体質的な差異や疾病の有無まで含意した定性的な評価および管理はできないことである。環境基準の範囲内の汚染物質濃度であれば人体への毒性に関する閾値に達しないというのは、あくまでも通常の健康な人にとってのことであり、環境基準がそうした閾値に対して余裕をもって策定されていても、前述のように沿道など汚染発生源の至近地点では健康な人の人体でさえ閾値を超えた汚染物質の暴露量に曝される危険性があることから、センシティブな人には急性あるいは慢性のより深刻な毒性を及ぼす懸念が大きく、少なくとも彼ら身体的な社会的弱者にとって安全な指標として充分でないことは想像にかたくない。

また、環境基準の策定にあたっての閾値の割出しは、人体への臨床試験によって定めることはできず、動物実験によるスクリーニングを行ない得るにすぎないため、そこから得られる知見は生物資源保全手法である Population Risk に対応するものでしかないことからも、環境基準は個人差や、とくに病弱者という身体的弱者の日々のコンディションにまで立ち入った Individual Risk には配慮し得ないことがわかる。現に、肺癌患者の急増は弱体質者の微量でも長期にわたる複合された沿道排気暴露と無関係ではないと言われており、そうした一律の定量的な評価および管理に依拠した規制政策は個体に関して長期暴露で閾値以内を目指す近年の疫学判断の見地に照らしてみればその欠陥の大きさが明白となろう。

(2) 文明内容の取捨選択と削除方式

地球環境は今や、地球温暖化、オゾン層侵食の進行、熱帯雨林の破壊、生物多様性の激減、広域海洋汚染、越境大気汚染および酸性雨などによって、生物の生息環境としては末期症状を呈していると言っても過言ではない。破局寸前の局面打開が客観的には正に焦眉の急と表現し得る状況にある。

しかし、私たちが地球環境問題に直面していることに気付き始めたのは、それほど昔のことではない。限られた地域および人間集団に被害をもたらす従来の公害問題と違って、より広域に地球規模で人類を含む生物の存立条件全般あるいは生物の存続自体を危うくするのが地球環境問題である。今日、私たちの行く手には、これまでに経験したことのない、いわばすべてを終焉に導く地球環境問題が幾つも立ちはだかっているのであり、私たちはそれらにどのように立ち向かおうとしているのか、果たして有効に立ち向かうことができているのかどうか、正念場を迎えている。

結局、環境問題への対処の仕方、環境政策のあり方が転換を迫られていることになる。物事を原理的に思索するところから地球環境に対処する新たな政策パラダイムを模索することが必須であって、環境政策が目指すべき根本方策を明確にすることが急務となっている。

今日の地球環境を考察するにあたって、現代文明に対する疑問が生じる。既存の膨大な数の化学物質は私たちの欲する便利で豊かな文明生活を支えていると思いがちであるが、それは実は錯覚ではないか。これほどの化学物質が必要であろうか。それらの中でかなりの化学物質がなくても文明生活を送ることができるし、そうしたなくても済む化学物質がかえって私たちの生存を不快にしている。明らかに不快の認識がもたれるほど雑多の有害な内容を蓄積し、地球環境を無限に劣化させる疑念がもたれる現代の肥大化した物質文明に対して、今や人類社会は「必需文明」と「不要文明」とを識別する必要に迫られているのではないだろうか。

しかし、今日の大量消費社会は、コマーシャリズムが過度の利便性を追求して人々の行き過ぎた物欲を喚起し、人間の消費欲求が他者の消費内容と比べることによって相対的に決定されるなど、社会経済システムとして消費欲求の総量が最大化することで成り立つようになっている。際限なく拡大する傾向をもつこうした相対的欲求を、地球環境のソース（資源調達基盤）およびシンク（廃棄物吸収源）としての限界を踏まえて制御し、必需性に基づく消費欲求へとその距離をできる限り近づけていく必要がある。なぜなら、生態系の平衡状態が維持されることがすべての大前提だとすれば、相対的欲求がもたらしやすい肥大化した物質文明よりは必需性のある需要から成る「必需文明」の方が生態系によりふさわしいものだからである。

ところで、「必需文明」とは一体何か。必需性のある需要とは、まずは肥大化による余分な需要ではなく、健康や生命保持という一次的な個の尊厳を確保すべく自然の成り立ちあるいは自然の成り行きからくる不幸、悲哀の除去に主眼をおくこと、すなわち自然の脅威や苛酷さに対して基本的な個の尊厳を守ることだと言えよう。しかし、それは現在の文明達成水準を放棄し、過去の無為無策で人間としての最低限の個の尊厳が確保されない悲惨な時代に回帰するのではない。というのは、そうした必需性のある需要は生態系に適合しやすいが、生態系に適合することが必ずしも個の尊厳を守るとは限らないため、自然の脅威や苛酷さを克服していく文明の高度化は、それが生態系の平衡状態に抵触しさえしなければ否定されてはならないのである。

他方、原子力発電のような巨大技術や有害化学物質など一部の科学技術は、生態系に適合せずに個の尊厳に抵触することから、それらを排除した生態系への適合が個の尊厳を確保することになる。したがって、個の尊厳を確保するとは、自然の脅威や苛酷さとそこから脱する抵抗の一環として歪んだ発達を遂げた巨大技術や有害化学物質などに抵抗することであり、自然の猛威を免れ得ないといった、生態系への適合が個の尊厳を守らない側面を牽制しつつ、生態系の平衡状態が維持されないと個の尊厳を含むすべてが成り立たないために、生態系に適合しようとするという複合的な内容をもつ。

このような概念的総括によって、自然の中での生業や遊びを楽しむ過去の牧歌的な快適さがあって、なおかつ自然の猛威にも対抗し得るような両面を併せもつ文明内容による生存の上質化が展望できる。そこには、危険な富裕化か耐乏の環境浄化かという選択を迫られるトレードオフ（択一的な競合）の問題は存在せず、したがってよく懸念されるような、環境改善の副作用によって人々の生活水準が低下することはない。

環境改善は人々の生活水準を低下させるのではなく、むしろ向上させるのであるが、それはなぜか。個の尊厳を確保すると同時に生態系に適合することが持続可能な社会発展の必須条件であることを考えると、従来の科学技術の代替として出現した生態系に適合する科学技術に対しての需要であれば、それは健康や生命保持を超えた任意の欲求であっても個人の強い欲求なら必需性のある需要とみなし、その実現を二次的な個の尊厳の確保と位置づけることができ、そこに環境保全型製品が増加していくのに伴って「必需文明」が拡大していく余地が見込めるからである。つまり、「必需文明」とは単に健康や生命保持の絶対的欲求だけしか満たせないといった文明を意味するのではなく、生態系に適合する科学技術の部分によって実現される発展性のある文明を意味することになる。

そこで重要なのは、「必需文明」の拡大を図って個の尊厳確保の範囲を拡大することであると共に、それは生態系に適合する科学技術の範囲を拡大しなければならないことでもあるから、科学技術が生態系に適合することの内実、すなわち自然の生態循環に適合するか、あるいは適合した上でその循環機能を模倣するというサイクリカル原則の可能性について考察してみることである。なぜなら、物質文明の隆盛を築いてきた化学物質を含む科学技術全般をサイクリカル原則の方向へ転換させ、その代替によって有害な「不要文明」をより多く削除していくことでより幅の広い個の尊厳を確保でき、そしてもしサイクリカル原則を適用することで物質文明全体が人類によって制御可能となれば、文明の内容からはあらゆるレベルの個の尊厳確保を妨げる要因はなくなるからであるが、果たしてサイクリカル原則を適用して生態系に適合する科学技術の範囲をどの程度まで拡大することができるかが問題となろう。

この考察は、文明内容の取捨選択をめぐる結論を導くことにつながるものである。それは、「科学技術そのものが自然が備える自己回復能力の環境質をどうしても悪化させるため、科学技術は環境および生命にとって本質的に悪だ」とする極端なエコロジストの文明否定的な立場と、それとは逆の「科学技術によって引き起こされる弊害は、一層の技術革新によって解決できる」とする一方的な科学技術信奉主義者の単純な技術的打開策を尊ぶ立場とを対比することによって、明確となってこよう。

まず、技術革新を唱える立場に近い肯定的な見通しとしては、自然の生態循環に適合するような、公害発生の防止ないしは汚染排出の抑制技術を開発するのと、生態循環に適合する範囲内でそうした循環機能を摸倣するような微生物活用による環境浄化ないしはソフト・エネルギー技術を開発することである。このように、自然が自然らしさを失わないような、もっと正確には自然のままの自然を残すサイクリカル原則を挿入した科学技術の革新を可能にすることによって、あるいはそれが可能な場合、従来の科学技術に起因する問題は解決され、科学技術は環境および生命にとって悪ではなくなるのである。

しかし、徹底したエコロジストのごとく否定的にならざるを得ないのは、どんなに技術革新を進めても、従来の科学技術の代替として、その弊害を解消すべく生体を含む自然のメカニズムに対して人為的に把握・補正するのが困難な領域が存在するからである。例えば、高性能コンピュータによる人間の頭脳のような意識の再現、長期経済予測や地震予知や温暖化防止策のシミュレーションは難しく、また生体の発生・発育期におけるインプリント作用の絶妙さゆえに、例えば環境ホルモン汚染によるメス化をテストステロンの投与によって解消することは不可能である。元来、よりアナログ的な構造をもつ自然の成り立ちに比してよりデジタル的にしか製作できない人工技術は、その目の粗さから生体を含む自然のメカニズムを完全には掌握できず、人為的な把握あるいは補正には限界がある。

したがって、技術革新を進めても人為的な把握・補正ができず、従来の科学技術による弊害が克服されない場合、これは技術革新が問題を解決しないケースであり、そうした科学技術は環境および生命にとって悪であるため、「不要文明」として削除していくしかないのである。つまり、科学技術をめぐる問題のポイントは、自然の生態循環機能への対応が示すように、目下の科学技術が扱うことのできる生体を含む自然のメカニズムはその表層部分であり、そこにはサイクリカルな方策を確立しやすいが、把握し得ない深層部分についてはサイクリカルな方策を確立しようがないことである。

もちろん、万難を排してサイクリカルな方策が確立される範囲を拡大すべきであり、しだいに拡大すると思われるし、サイクリカルな方策が確立される見通しがなく、弊害をもたらし続ける科学技術は「不要文明」として削除すればよいわけである。しかし、それでも、当初オゾン層に無害なため採用された代替フロンがその後、温暖化効果を懸念されるようになった事例が物語っているように、未知の弊害を確定する決定的な手立てを欠く現状のもとでは、科学技術で処理し得ない深層部分はなお相当に大きいと予想せざるを得ない。

では、どうすればよいのか。人類の歴史においてそれぞれの時代の懸案が解消していった突破口として技術の発達が果たした役割が大きかったことをみると、地球環境問題の解決にあたっても技術革新に負うところがなお大きいと思われるが、これまで述べてきたように、以前と違って現代の先鋭化した問題群に対して科学技術の進展に過度の期待は抱けないことから、持続可能な社会発展を展開していくためには問題解決アプローチのもう一つの柱を成す社会的努力の実効性ある方法を確立しなければならず、そこに社会科学が担うべき仕事がある。

文明内容の取捨選択にあたって、サイクリカルな方策が確立できずに弊害をもたらす科学技術を「不要文明」として削除することは人為的な直接手法による決定であるのは言うまでもないが、科学技術では解決できない深層部分の未知な弊害を推し量ること、そしてその結論に対してどのように対処するかの決定は科学的知見に頼れないため、これも直接手法によらざるを得ない。ここで問題なのは、社会的努力の実効ある方法を確立するには、地球環境問題は「元締めとなる」あるいは「枢要を掌握する」という意味で究極的には直接手法を主たる手段とすべきものの、人間社会の活力を急速に減退させないように、いったん安全が確認された文明の部分については、その発展を活性化するのに直接手法と経済誘導措置を有効に組み合わせた方法が工夫されなければならないことである。

環境政策では直接手法を主たる手段に据えることによって文明の有害な部分、すなわち「不要文明」を効果的に削除していき、その過程で安全な部分、すなわち「必需文明」を発展させるために経済誘導措置を駆使して最大限の効果を図る役割の発揮が期待される。例えば従来車を減量化していくのに伴って低公害車が普及しやすくなるように、経済誘導措置は直接手法と連動させることが有効なのだが、経済誘導措置を奏功させるには注意を要する。

つまり、経済誘導措置は、仮に低公害車の普及を割り当て制にした場合の直接手法が目指す目的達成と等しい効果をもつように策定しなければならず、概念的に言えば直接手法を込めるか、少なくとも直接手法に近づけることが重要なのである。従来の規制政策でも同様で、例えばかつて日本の高額SO_2課徴金が企業から負担回避の対応を引き出し、規制基準を超える排出削減を実現したように、税率などを直接手法さながらの実効ある水準に設定するか、あるいはそれ以上の達成効果がある誘導内容を用意しておかないと、経済誘導措置は空洞化しやすいのである。

経済誘導措置の中でも環境税は本来、環境汚染あるいは破壊に対するペナルティとしての課徴金の性格を帯びているものの、それでは禁止の作用が働き過ぎて環境および資源の利用対価としての設定が意図する税収が期待できなくなることから、財源確保のために低税率に据え置かれて汚染排出費ないし生産免許と化してしまうきらいがある。それは、もともと生産規模を一定範囲内に抑え込む保証がない環境税に生産拡大の作用をもたせる結果になりかねず、経済誘導措置の運営は直接手法による歯止めが必要なことを物語っている。

総枠の制御がないことから汚染の増大を招きかねない環境税に対して、総量規制という手法によって最初から直接手法を込めた経済誘導措置が排出権市場取引の制度であるが、それでも汚染の排出がゼロになるわけではない。すなわち総量規制ということは排出許可物質はその枠内で排出されることになり、例えばアスベストなどを削減はするが、それは削除ではなく、総量規制は直接に有害化学物質の削除には行き着かないことを意味している。したがって、排出権市場取引の制度は安全が確認された文明の部分にのみその発展を活性化するために使える程度ということに止まる。

このように、排出権市場取引の制度が有害化学物質を削除することとは直接につながってはいない以上、アスベストなどを削除する考え方が別途必要となる。ここから、経済誘導措置は下位の政策手段だということがわかるが、その上位に位置づけられるのが直接手法そのものである削除方式であり、排出権市場取引の制度が生産に不可避で安全な部分に適用されるのに対して、削除方式は生産に不可避でなく安全でもない文明の部分、すなわち「不要文明」に適用される。図式化することによって理解しやすくするために、地球環境問題を規制手法で分類した概念図を掲げておく（末尾に掲載）。

さて、科学的知見に頼れない場合、客観基準がなく、主観判断に基づいて問題に対処せざるを得ないことは先に述べた。同様に、市場の自動制御が解決しない問題が存在することが削除方式を経済誘導措置の上位に位置づけざるを得なくしているのであり、削除方式を究極の政策手段としなければならないからには、主観判断が高次に洗練された「主体性原理」とでも呼べるような政策手段として確立されなければならない。

環境コストの内部化を図り外部不経済を解消することによって「市場の失敗」が是正されても、市場は何でも金銭で片づけようとするから、現行の規制基準内において金銭で片づけることが健康維持や生命保持に合わないにもかかわらず、市場は価格シグナルによる対処以外のことはできないゆえ、本来的にそれ自身として欠陥を抱えているという「市場の欠陥」が起きる。それは、直接手法によって外部から変更を加えないと、それ自身として、すなわち金銭で自動的に健康障害や生命損失を防ぐ手立てがないからである。

つまり、市場原理を第一義とし、最上位におくと、たとえ「市場の失敗」が是正されても、市場は超えてはいけない基準を自ら導き出すわけではない（「パレート最適」原則もそうではなく、経済的な節約・経済効率の達成しか目指さない）から、例えば健康・生命の侵害など何か事があったときには市場の属性あるいは特性として価格尺度による処理しかできないことが健康・生命の救済と合わないという欠陥を露呈してしまうことになるのである。したがって、市場が欠陥を露呈しないように、削除方式などの、健康・生命を死守する、超えてはいけない基準を意識的に設定できる「主体性原理」を第一義とし、最上位におく必要がある。

すなわち、最重大事である死活線は自動制御には任せておけないので、肝心かなめを押さえて外から枠をはめることの方を優先する必要があるということであって、市場をその属性あるいは特性の中で健全に、そして有効に働かせ、活性化させるためにもそうした必要がある。「主体性原理」による決定が価格シグナルによる自動制御の決定よりも上位にあるべき理由は、価格シグナルで自動制御できずに健康・生命、あるいは生態系・景観が不可逆的な損失を被ると、その価格シグナルで成り立つ経済活動自体が立ち行かなくなって本末転倒となってしまうからでもある。究極的な決定原理として経済原理は不適当なため、「主体性原理」からの価値判断が重要となるが、その場合、先に述べた、近未来において科学技術の革新による人為的把握あるいは補正が可能かどうか、すなわち問題対象が科学技術で扱い得る表層部分かそうでない深層部分かという基準が決め手となる科学的知見を取り込んだ判断力によって、譲れない価値を設定するしかないのである。

文明内容の取捨選択と削除方式、そしてそれに付随する方策について述べてきたが、逆説的ながら、人類が基本的に自然の猛威に対抗し得るほどの余力のある物質文明を持つに至った現代という時代だから、それらが可能

規制手法による地球環境問題の分類

地球環境問題（先進国と途上国の区別は必要なし）
- 産業（工業）・生活関連の環境問題
  - エネルギー環境問題
    （a．温暖化—CO_2等、酸性雨—SO_2等）
  - 非エネルギー環境問題
    （b．オゾン層破壊、有害化学物質の越境移動と海洋汚染）
- 生態系破壊の環境問題
  （c．森林破壊、生物多様性減少、砂漠化）

規制手法で分類すると、
- 総量規制方式でよい環境問題—生産に不可避で安全な対象物質
  - 化石燃料燃焼（非再生資源）による環境問題…上記 a
    - 排出権市場制度で省エネ化
      （削減目標超過達成のため）
  - 木材伐採（再生資源）による環境問題…上記 c
- 削除方式でなければならない環境問題—生産に不可避でなく安全でもない対象物質…上記 b（フロン、放射性物質・発癌化学物質）

となったのである。この人類の実力が保持される間のみ可能なその方向での問題解決こそ、近代化過程に起因し、地球的規模に及ぶ深い時空構造をもった地球環境問題を根本的に解決することにつながる。しかし、それには人々が相対的欲求を制御し、削除方式に協力するという全社会的な取組みが必要であり、またそうした動きを促進する制度的な仕組みを構築するためにも、環境改善に関する全社会的な取組みが推進されなければならない。

第3章　環境政策を誤らせるリスク・ベネフィット論の欠陥
――循環型社会の理念的完結のために

1　問題の所在

　将来に向けて持続可能な社会発展は、生態系の平衡状態が正に維持されることが大前提となる。すると、循環型社会というものは、自然の循環機能を損なうような拡大方向の人為的循環を目指すことはできない。健全な循環型のためには、「循環」という表現から連想される単なるリサイクル志向では「循環」は立ち行かず、「循環型社会」と言っても、「循環」概念だけでは目的を果たせないのであり、天然資源の消費を最小限にし、廃棄物の発生を抑制して低環境負荷を目指す必要がある。

　しかし、ペットボトルに典型的にみられるように、かりにリサイクルは進んでいったとしてもその生産量、消費量、そして廃棄量は減らず、かえって増え続けていく趨勢にある。ペットボトルなどの回収および再商品化は一九九七年の容器包装リサイクル法から本格的に始まったが、厚労省が公言しているように、同法が目的とはしていない需要の抑制にはつながっていない。同様に、再生資源利用促進法や家電リサイクル法も廃棄物の発生を抑制する機能には乏しく、不断に出現し続ける廃棄物への対処に傾きがちなことから、人々を熱心にリサイクル行為の拡大に向かわせ、むしろリサイクル対象物の増大の余地を残している。

　そこで、循環型社会形成推進基本法でこうしたリサイクル関連法規を束ねる役割を果たす統括法らしく、循環型社会の原則として廃棄物の発生抑制を最優先としたことを初め、次に製品や部品の再使用を重視し、それから使用済み製品等を原材料に戻す再資源化、すなわちリサイクルを進め、最後にそれでも残ったものは無害化処理を行なうという、とるべき措置の優先順位について初めて法制上の規定が明確にされた。とくに重要な出発点となる廃棄物の発生抑制を奏功させるためには、従来のような排出段階での規制手法では発生源対策とはなっていないことから、事業者に対して設計段階からゴミになりにくい製品の開発や資源の再生利用などによって原材料を減らせる生産工程の構築を促し、生産活動自体に廃棄物の発生抑制を当初動機として内包させた仕組みにしなければならない。

同法はそうした仕組みの確立による目標の具体的な実現を保証する方法として、生産者が製造や流通のみならず、回収や再生まで含めた製品のライフサイクル全体に責任を負うとする「拡大生産者責任（Extended Producter Responsibility）」という考え方を導入している。それは、自ら製造した製品の使用後の処理責任をその費用負担を含めて生産者に、価格転嫁した場合には消費者と共同して負わせることで、従来の目に見えない形の税金による処理体制では発生を減らすインセンティブが弱かったのに比べて、廃棄物の発生抑制に意欲をもたせることになる。

この「拡大生産者責任」原則は一九九五年に経済協力開発機構（ＯＥＣＤ）によって提唱され、翌九六年にドイツで制定された循環経済・廃棄物法に取り入れられて効果を上げてきたと言われている。日本では九三年に施行された環境基本法の中にそれと同様の精神が込められたものの、未だ抽象的な表現に止まっており、その理念は循環型社会形成推進基本法の成立によってようやく具体化の方向に一歩を踏み出したと言えよう。

しかし、問題は、にもかかわらず、循環型社会形成推進基本法の「形成すべき循環型社会の姿を明確に提示した」との言明に反して、環境基本法の精神である循環型社会への理念としてはなお明確ではなく、「形成すべき姿」を実現できる実効性をもった理念が正に問われていることだ。筆者は、「形成すべき姿」とその方法とから成る循環型社会への理念を明確にするには、有害化学物質を焦点にして、それが含まれる廃棄物の発生抑制よりも更に遡った「有害化学物質の削除」にまで踏み込まなければならないと考えている。

有害化学物質はどれも有用性があるから作り出され、有害ながらも現在に至るまで使用され続けているものであれば、私たちの欲する豊かで便利な文明生活にとって必要不可欠なものだと思いがちだ。しかし、それは実は錯覚ではないか。使用中のどの有害化学物質も、それがなければ私たちの生存のあり方が劣化する必要悪だろうか、またその使用をやめるとかえって大きな代償を支払わされるのだろうか、再考の必要がある。

実際には、明らかに環境と生体に危害が大きいとの疑念がもたれる有害化学物質がなくても、そして大きな代償を支払わない方法で、従来と変わらぬ文明生活が送れるのではないか。むしろ、そうしたなくても済む有害化学物質がかえって私たちの生存を劣化させているという認識を持つべきであり、この認識の逆転が成立する少なからぬ物質は文明から削除していくことも、今や視野に入れる必要に迫られているのではないか。近年、こうした視野の萌芽が頭をもたげつつあるが、政策方針として系統的な確立をみるに至っていないのはなぜか。

その理由は、今日の環境政策決定の主な指針となっているリスク・ベネフィット論（Risk-Benefit Theory）の考え方に含まれる基本的な誤謬による影響が、一つの大きな要因であると思われる。本章では、「有害化学物質の削除」という観点を阻む原因になっていて、環境政策を誤らせる恐れのあるリスク・ベネフィット論の是非を検討してみたい。

2　リスク・ベネフィット論の初歩的錯誤

リスクとは、確率的に捉えられた危険、あるいは危険に遭遇する確率、危険度、すなわち危うさの程度のことである。リスクとベネフィット（便益）との比較考量を問題にするリスク・ベネフィット論は、生命損失の被害がリスクとして存在し、且つそうした確率が充分に小さいことによって生命損失に対する価格尺度による評価は可能になると主張している。しかし、その根拠について、私たちは普段充分に小さな死亡の確率なら、それとの引き換えで便利さや金銭などを入手しているという人間の意志にかかわる現象に求めていることに間違いがあると考えられる。

つまり、例えば、私たちは同じ目的地に向かうのに死傷事故の発生したことのない新幹線よりも安価な夜行バスを利用し、経済的メリットを得るために事故に遭遇する一定のリスクを受け入れるというようなことを行なっているくらいだから、一般的に生命損失でも金銭的に埋め合わせができるとされるのだが、この例に即して言えば誰もがリスクの高い夜行バスを選択するわけではなく、それは経済メリットの代わりにリスクを受け入れる意志のある者についてのみ当てはまるのではないだろうか。リスク・ベネフィット論の欠陥は、ある個人にとってリスクが増す結果をもたらす行為が主体的に選択された行為かどうかを区別せず、したがって自己責任で回避できるリスクとそうでないリスクとを混同していることである。そして結局、個人としては回避できずにいる致命的なリスクでさえ、それが人為的に回避できるにもかかわらず、回避しようとしないことである。

環境問題の特徴は、個人には不可抗力の形で不可逆的な被害が万人に及び得るという点にある。私たちは個人のレベルで有害化学物質の規制基準を決定することはできず、環境汚染の中に浸っていない境遇を、汚染の程度がかりに致命的であったとしても選択することはできないからにほかならない。リスク・ベネフィット論によって正にそうした不可抗力は放置され、むしろ人為的に増幅される恐れさえある。

有害化学物質への対処について、有害な影響が現われる閾値が明確でない化学物質の発癌リスクと当該化学物質の使用に伴うベネフィットとの二者を定量的に比較考量するところにその本領があるリスク・ベネフィット論では、前者が大きくなければ禁止措置をとってはならないとされ、少数なら犠牲者が出るのもやむを得ないという含みがある。それは結果として、確率的に誰もが犠牲者の中に入ることを意味しており、個人では抗し難い被害を、しかも取り返しのつかない被害をさえ、万人に受け入れさせようとするものである。

3　ドグマに呪縛されるリスク・ベネフィット論の固着思考

犠牲を厭わないその論拠は、物事にはメリットとデメリットとがあり、化学物質で言えば有害性なしの利点だけを享受するわけにはいかず、できるだけベネフィットが大きくてリスクが小さくなるような最適の妥協点に両者をバランスさせるしかないというようにのみ物事をみがちな現実観にある。リスク・ベネフィット論者は、天然の食材にも多くの発癌性物質が含まれているが、現に私たちは、それが好物であれば、少々のリスクをとってでもその食品を食することにプライオリティをおくではないかと言い、もともと自然にはリスクが満ち溢れているのだから、有害化学物質によるリスクをそんなに特別視すべきではないとして、自然のリスクによって人為的なリスクを正当化する。

しかし問題は、有害性を承知の上で好んで食べる食品のように、自然のリスクが既知のものなら個人にとって選択の余地があるのに対して、環境政策に関与し得ない私たちには、有害化学物質のリスクは知っていても回避できないことである。リスク・ベネフィット論では、いわば情報が公開されている状況下で、個人に回避可能なリスクか、そうでないかが不問に付されているのである。

また、既知の自然のリスクについては、有害性のある食品を食べなくても支障があるわけではない。それと同様に、有害化学物質のようなその有害性が既知の人為的な文明ならなおさら、人為的に取捨選択すべき問題であり、取捨選択できる問題である。ところが、リスク・ベネフィット論は、有害化学物質のリスクを回避することは、巨大な経済的代償を招来するという理由で回避不能であるかのようなドグマに陥っている。

しかし、現に私たちは過去において、ＰＣＢやフロンなど少なからぬ有害化学物質を文明から削除してきた。それらの有害化学物質に対して禁止措置をとることができた経験が示すように、そうした物質の存在は私たちの生存にとって必要不可欠な要素では必ずしもなく、なくても生存のあり方が劣化するわけではないし、また禁止措置が巨大な経済的代償を招来したわけでもない。リスク・ベネフィット論は既存文明を前提とした議論に終始し、そこに固着した考え方に囚われているが、現有の科学技術や社会経済システムを変更していこうとする射程の中から有効な代替策や止揚策を見出す必要があり、また見出せるものである。

例えば、グラスファイバーによる大容量太陽光地下採光システムの技術革新が、必要悪となっている農薬漬け農業の代替策となるかもしれないし、水道水の塩素消毒をめぐる発癌リスクと感染症罹患リスクとの両リスクのトレードオフ関係を解消する止揚策は、制度変更によって飲料水だけは天然清浄水を供給する公的扶助の充実を図ることであるかもしれない。今やそうしたコペルニクス的な転換が必要な歴史的段階となっているにもかかわらず、リスク・ベネフィット論者にはその発想がない。

4　リスク・ベネフィット論の科学への妄信

前述の事例からもわかるように、リスク・ベネフィット論の言うトレードオフ関係にある懸案について、リスクとベネフィットとのバランスをとることは実際には科学的な判断がむずかしく、例えばよく話題に出る発癌の閾値は科学的には決められないのが今日の科学の現状だと言われている。それでももし、科学的に決まると言うなら、それは社会全体や集団の確率としてのリスクが概算できるだけであって、社会あるいは集団構成員たる個々人のリスクではなく、リスク・ベネフィット論の Individual Risk 軽視の立場を自ら暴露するにしかすぎず、現代科学の擁護にはならない。

しかも、先に取り上げた既知の、個人が回避できるもの以外に、自然のリスクには未知の、すなわち人知未踏ゆえもとより回避のしようのないものがあるように、人為的な文明の中にもなお未知な要素が多く存在しており、今は安全とみなされている化学物質の知られざるリスクが将来露呈するとも限らない。そこで、既知となった有害化学物質のリスクを意識的に回避すべきことは言うに及ばず、一般にリスクの科学的な予測には限界があるので、やはりある化学物質に疑惑が生じた段階で逸早く不可逆的な被害を回避するために先制的予防原則（Precautionary Principle）が適用されるべきだろう。

リスク・ベネフィット論者は先制的予防原則を嘲笑するが、世間で例えば三宅島の噴火地震の際に取り返しのつかない被害が出る前に、島民をとりあえず島の外に避難させた事実や、携帯電話の電磁波は心臓ペースメーカーの使用者に悪影響を及ぼす恐れがあるから、混み合う電車の中ではその電源を切らせることが事実行なわれているという現実に反対するだろうか。環境問題も不可逆的な被害がある限り、ひとり例外ではなく、厚労省が給食や病院食の盛り付けに使われる塩化ビニール製の手袋に対して、問題視されていた環境ホルモンの一つが検出されたため、禁止措置をとったことなどはその姿勢に前進がみられた。

通常、ある化学物質がＴＤＩ（Trerable Daily Intake，ヒトが生涯摂取しても健康に危険でない一日当りの耐容量。当該国で設定されていない場合はＷＨＯの基準値を参照する）を上回ったら禁止措置がとられるが、長期的にどの程度の量を体内に取り込むとどの程度健康に影響があるのか、すなわち危険なのかは、リスクの科学的な予測には限界があって厳密な判断はむずかしいことから、実際には確定できないため、ＴＤＩ自体があてにならず、安全性の目安となる基準の数値を設定することは不可能である。したがって、厚労省が広く市販の弁当からも環境ホルモン物質が検出された結果を重くみて、ＴＤＩのいかんにかかわらず、塩ビ手袋の調理使用を禁止する必要があると価値判断を下した経緯は敬服に値する事実ではあるが、また当然のことでもあり、リスクに対して安全が確認されるまででも、とりあえず禁止にするしかないと考える先制的予防原則に従ったものである。

5　むすび

リスク・ベネフィット論は、有害化学物質のリスクを認識した上で黙認する態度でもって、リスクを人為的に回避できるかどうかの可能性を追究せず、個人レベルでは回避できないという不可抗力の問題にあえて対処しようとする意図がない。私たちは、有害化学物質のリスクが人為的に回避可能な場合でも、個人としては知っていても回避できる境遇にはないということの意味をようやく噛み締めるべきである。

リスク・ベネフィット論者によっては、彼らの不備について、筆者が述べてきた批判的な視点でもって論の建て直しをするしかないと気が付きつつあり、やがて結局はそこへ本格的に避難してこよう。

第4章 アスベスト問題は何故こんなに深刻になったのか?

――被害の拡大を食い止められなかった「深因」の検証

1 責任の所在

アスベストによる被害の大きさは、日本社会を揺るがした。これほど被害が大きくなったことに関して、世間ではもっぱら、国の対応の遅れに批判が集中している。その背後に学説の影響が大きかったことは、ほとんど問題にされていない。

国の対応が批判される「行政の不作為」について、関係省庁の連携がわるかったからだ、というだけでは説明がつかない。責任の所在はそこにだけあるのではない。国は一方でアスベストの危険性を知りながら、他方でアスベストの規制を充分には行なわず、対応が半ば断ち切れになってしまったことはきわめて不自然だ。「行政の不作為」という国の対応は、環境政策に関するある学説が関与していたことによって、もたらされたのではないだろうか。今回のアスベストの被害は、当時政策決定に主導的な力を発揮し出していた一部の環境学説に重大な責任があることを明らかにする必要がある。

業界でさえ、早くから強い発癌性が指摘されていた青石綿は、一九七〇年代から自主規制し始めていたし、同じく発癌性が強い茶石綿についても、旧労働省(現厚生労働省)が使用を禁止した一九九五年より二年先行して使用を自主的に中止していた。アスベストの輸入量および使用量とも九〇年をピークに減り始め、業界では他の原料に転換する流れが定着していった。

これはダメだと考えて禁止にする企業すら一つならず現われたにもかかわらず、つまり、実際に禁止するほどの重大な認識があった中で、政府が全体を迅速に禁止に導かなかったのは、なぜか。

八〇年代初頭から、政府は専門家の力を借りてアスベスト政策を決めていた。時あたかも、行政にリスク・ベネフィット論が次第に浸透していった頃である。リスク・ベネフィット論（Risk-Benefit Theory）とは、ベネフィット（便益）を享受するには一定のリスク（危険のある度合い）は受け入れるべきだという考え方。当時、リスク・ベネフィット論を信奉する学者が役人たちから支持され出していた。有害物質の全面禁止の弊害を執拗に説くリスク・ベネフィット論の影響を、政府が受け始めていたことが疑われるのである。

2 規制対策が進まなかった事実関係

アスベストによる健康被害は工場の従業員だけでなく、家族や周辺住民の間でも起きているという事例が、海外では一九六〇年代から相次いで報告されていた。[1] また、七〇年代の初めにはアスベストに発癌性があることが世界保健機関（ＷＨＯ）や国際労働機関（ＩＬＯ）によって指摘されていた。[2] こうした海外の動向により、一九七一年に旧労働省がアスベストの作業現場での飛散防止を盛り込んだ「特定化学物質等障害予防規則（特化則）」[3]を施行し、特化則の解説書で、アスベストの飛散が公害問題を引き起こす恐れがあると指摘していた。

遅くとも七二年には、旧労働省と旧環境庁はアスベストの危険性について認識していたことが、過去のアスベスト対策に関する各省庁の検証で判明している。そして、七六年に旧労働省は早急にアスベスト対策を実施するように指示する通達を出し、七八年に旧労働省の「石綿による健康障害に関する専門家会議」が海外の動物実験や疫学調査からアスベストの吸入が少量でも中皮腫は発症するという因果関係を認定する報告書をまとめていた。

さらに八〇年に、アスベスト使用量の急増に伴い一般市民が曝露する危険性が高まったことにより、旧環境庁は被害についての外国の事例を引用し「直ちに対策に向かって具体的行動を取るべきだ」とまで表現して緊急対応を促す報告書を出していた。このように警鐘を鳴らす報告書を出しておきながら、その趣旨を受けて急きょ設置された同庁の「アスベスト発生源対策検討会」が用途別各地点で実施したアスベスト濃度の実態調査では、意外にも警鐘の趣旨には沿わない正反対の結論を偏った調査方法によって導き出してしまった。

実態調査は八一年から八三年にかけて、全国の約七〇〇地点で大気中のアスベスト濃度の測定を実施。ただ、住民への被害が最も心配される工場周辺の検体数が調査全体の検体数の中で一割にも満たず、しかも同検体の測定濃度がその前後に行なわれた同種の調査の測定結果に比べて数十分の一という低い数値であった。そして、調査終了の翌八四年、大気中のアスベスト濃度は極めて低いレベルにあるとし、アスベストの排出規制を見送る提言を結論とした報告書が提出された(4)。

その前後に行なわれた同種の調査のうち、七七年と七八年の二年間にアスベスト工場の周辺で測定された平均濃度も、後の方では二年後に公表された八五年調査の平均濃度も、また学校施設でのアスベスト使用が社会問題化した八七年の緊急調査でも、おしなべて八三年に出された調査結果の数倍から数十倍の高い数値だった。

八七年調査ではＷＨＯが定める安全基準の三〇倍もの数値が検出された地点もあったことや、八八年には工場従業員等の健康被害が相次いで判明したことにより九都道県で実施された工場周辺の緊急調査でも八三年に出された調査結果の数十倍の高い平均濃度だったことから、八九年のアスベスト排出規制のための大気汚染防止法の改正に政府が乗り出すきっかけとなったほどである。

こうしてみると、七〇年代と八五年以降との間にはさまった八一年から八三年にかけて行なわれた調査と、それをもとに八四年に出された報告書のあり方が問われる。当時のアスベスト専門家の間からも「もっと木目の細かい調査が必要だ」という意見があったほどだ。

しかも、同対策検討会が調査を実施している最中の八二年、アスベスト工場の付近に居住歴をもつ一般の人が中皮腫と診断された症例が日本胸部疾患学会（現日本呼吸器学会）で報告され、八三年には学会誌にも掲載されていた。しかし、驚いたことに、七六年に旧労働省が注意を喚起したイギリスの工場周辺での被害例と同様の環境曝露が現にこの日本国内で起きているにもかかわらず、多くの専門家を擁する専門の対策検討会が「アスベストによる一般国民へのリスクは小さい」として排出規制の見送りを決定したのであった(5)。

当時の状況が危険だった証拠に、九〇年を境にアスベストの輸入量や使用量がピークアウトするまで、とくにアスベスト工場の隣接地域でアスベストが大気中に飛散し、近隣曝露によって中皮腫を発症しやすい状態だった。前述の八五年から八八年の調査に加えて、九〇年にも前年の大気汚染防止法の改正を受けて三一都道府県と六政令指定都市が工場周辺で大気中アスベストの濃度測定を実施したが、測定地点の一二％で改正法が定める健康被害の許容基準を超過していた。

3 深刻化を辿った背景にある考え方

アスベストによる被害が社会問題となった後、環境省でアスベストの飛散による健康への影響を調査していた検討会の座長が、以前にアスベスト製品のメーカーの業界団体である日本石綿協会で顧問を務めていたことを理由に座長を辞任した。その際、顧問だった一九八五年から九七年までの間に協会が製作したアスベストのＰＲビデオ「社会に貢献する天然資源アスベスト」に出演し、アスベストについて「自動車の排気ガスなどでも常に発癌物質が出ている。本当にそれをゼロにしなければならないのかという疑問に突き当たる。決してゼロにしようと考えるべきではない」と述べたことを反省する旨の談話を発表した。マスコミの取材に対して、「アスベストはゼロにするよう努力すべきと言うべきだった」と当時の考え方を撤回し、顧問を務めていたことについても「行動を誤った思いだ」と話したと報道されている。

アスベストのような有害化学物質でも「ゼロを目指すべきではない」とするのがリスク・ベネフィット論の立

場だが、辞任した座長が当時の発言の誤りを認めたということはリスク・ベネフィット論には間違った考え方が含まれていることを示していよう。(6)

実際、中皮腫は吸引したアスベストの量と関係なく発症すると言われている。したがって、アスベストは濃度がこれ以下なら安全というような許容基準を設定することさえ本来は意味を成さない。しかも、曝露した期間が短くても発病する危険性を否定できないようだ。

旧労働省と旧環境庁は一九七二年には、ＷＨＯ下部組織の国際癌研究機関およびＩＬＯの専門家会議の指摘によってアスベストの発癌性について確かな認識をもつようになった。また、発癌性物質はこれ以下なら安全という「閾値」を設定できず、どんなに低濃度でも発癌の危険性があることは当時から知られていた。(7)

旧環境庁職員の証言をみると、(8)八〇年ごろまでは「発癌性の物質については、閾値がないと考えるべきとの意見が大勢であったが、リスク便益評価の考え方も米国等の学会で議論され始めた時代であった」とある。多少の犠牲が出てもコストパフォーマンスがよく全体の便益を増す選択肢を取るという、リスクよりもベネフィットを重視する考え方、多少の犠牲ならベネフィットを優先するのもやむを得ないとするリスク・ベネフィット論は、一九六〇年ころからアメリカに登場し、七〇年ごろには政策形成の理論として影響を与え始め、八〇年ごろまでには確実に日本にも上陸していた。(9)

先に触れた旧環境庁の有識者による「アスベスト発生源対策検討会」が実施した測定調査で、不自然なほど測定結果がその前後に行なわれた同種の調査より低い数値であったことは、当理論を適用しやすかった。本来これ以下なら安全という閾値がない有害物質でも低めの数値なら、当理論の適用によって、強力な規制措置を講じなくて済む理論的な裏づけとなったからである。

検討会の結論は、環境中の汚染が少量なら問題は大きくならないし、アスベストは耐久性があり、コストも安い等の理由から、使用に対して強い規制を加えれば産業界に大きな経済的不利益を与えるというものであった。(10)

検討会では、「代替は困難」という認識が強かった。代替物には未知の危険性があるかもしれないし、資源やエネルギーを余分に消費すると考えた。

厚労省化学物質対策課が回顧するところによると、八〇年代初頭当時、すでにアスベストの危険性は充分に認識しており、従事労働者の安全を確保するためには全面禁止に持ち込みたい考えはあったという。しかし、全面禁止にして長期的な健康被害に備えるより、代替品の耐久性や安全性が保証されなければアスベストの使用はやむを得ないという考え方が優勢となった結果、アスベストの完全な規制は先送りされる格好となった。

旧環境庁職員の証言でも、八〇年代前半には、官僚たちの間で「『未然防止』の観点からは排出規制が必要と認識していた」と述懐している。結局、規制強化と便益享受の両者が拮抗した結果、リスク・ベネフィット論の考え方を重視する側が優勢だったのである。[11]

有害物質を禁止することのリスクは大きいと誇張したがるリスク・ベネフィット論が、強い影響力を行政決定に及ぼしたことが検討会の報告書からも充分に読みとれる。検討会にかかわったリスク・ベネフィット論的な考え方をする関係者が今なお同様の考え方を捨てておらず、当時の雰囲気を今に伝えている。[12]

アスベストは誰でも直ちに禁止措置をとるべきだと考える物質だが、この関係者は過去にもそう考えなかったようだし、今でもそうは考えていない。例えば、主張のトーンは少々抑制気味であるものの、「リスク論やコストパフォーマンスの観点からは、これから先もアスベストは厳重に規制管理しながら使用するのが合理的かもしれない」と、今でも公言している。[13]

また、この関係者は、代替が難しかったアスベスト含有素材に代わる別材質の代替品開発済みというニュースをよく目にするようになってからも、代替物は危険だとする説を変えようとしていない。[14] 当時も代替物によってアスベストを全面禁止する動きが国際的にはあったのに、「アスベスト使用禁止のトレードオフで別のもっと大きなリスクが出てくるかもしれない」として前向きな姿勢ではなかった。[15]

別の著名なリスク・ベネフィット論の信奉者も、「すぐにやめることができないのは、やめたときの影響が大きすぎるからである。どういう影響か？不便、生活程度の低下、費用の増大、そして、ある場合は、エネルギー消費量の増大や資源消費量の増大をもたらす」と言って、リスクの回避にはベネフィットの損失を伴うものだと解説する。[16] そして、発癌性など有害な影響があるとはっきりわかっている化学物質でも、「ゼロを目指すべきではなく、複数のリスクの合理的な配分を目指すべき」だと付け加える。[17]

これほどの決定的な被害となったことを知った後でも、リスク・ベネフィット論的な考え方をする環境学者の間では、アスベストの使用を全面禁止にすることがトータルにみてリスク削減につながるのかは慎重に判断すべきだとする主張がなされ、それがもたらす結果やその実質の吟味については少しも見直しを進めようとはしていない。[18]

命の損失のリスクと経済的ベネフィットの損失のリスクとを同じ種類のリスクと考えているのだろうか。前者のリスクの方が一段も二段も上の重視しなければならないリスクであり、深刻なリスクであるという認識がないのが、この理論の特徴のようだ。[19]「何が何でも命を保全する」という発想がない。逆に、命を保全した方が経済的ベネフィットの損失を招かないことは、このアスベストの問題が如実に示しているのではないだろうか。

また、リスクが小さい場合にはアスベストの使用を禁止にしなくてもよいとする理論は、リスクの程度の判断になじまないものに誤った判断を下すことになる。アスベストは「リスクは小さい」のだからよいとされてはいけないものであることは、早くからわかっていたはずである。[20]

以上から、間違った学説に対する責任追及も必要である。[21] アスベストは禁止にするのが適切だという考え方が出た時点から、わが国の禁止措置は大幅に遅れた事実が禍根を残した。[22] この間、どこかの時点で、深刻な被害の兆候を先取りする「予防原則」を発動すべきだった。[23] 発動しなかったことが、アスベストのような物質では、こういう結果をもたらしてしまうことになるのを心奥焼印として刻み付けるべきだ。[24]

「予防原則」を発動しないと後悔するほどの重大な結果を招くのである。リスク・ベネフィット論では、「予防原則」によって禁止措置をとったら代償が大きいと主張するが、逆ではないだろうか。命にかかわるほどの有害物質は、「予防原則」を発動しない方が代償が大きいことを証明している。[25] また、禁止措置が可能だったことは、アスベストを使用する企業が大幅にピークアウトした後でも経済的代償はほとんどなかったことからわかる。

注

（1）「アスベスト災害は少なくとも、一九六四年のセリコフ教授の研究で明らかとなっていて、史上最大の産業災害になることは警告されていたのである。」（宮本憲一著『維持可能な社会に向かって』岩波書店、二〇〇六年、四七頁）。

（2）文献によっては、さらに早い時期に関する指摘がある。

「現在のアスベスト問題において、政府の責任はきわめて重いものがあります。それは、すでに多くの報道がなされているように、数十年前からアスベストの危険性は政府内で把握されていたにもかかわらず、その対応が全く遅れてしまったからです。アスベストによる疾病の問題については、すでに一九世紀末から各国において報告が出されており、一九二七年にはアメリカで早くもアスベスト企業が裁判によって損害賠償請求をつきつけられています。そして一九三〇年代には、アスベストと肺がん、悪性中皮腫、石綿肺などの疾病との関連性について多くの調査報告が出されるようになり、一九六〇年代にはその因果関係についてほぼ完全に証明されていました。」（宮本憲一編『アスベスト問題』岩波ブックレット、二〇〇六年、八〜九頁）。「一九六四年にはアスベスト災害については、科学的な判断はできたといってよいでしょう。その後の経過をみれば、「行政の不作為」は明らかではないでしょうか。」（同前、二六頁）

「アスベスト労働者の肺ガンと悪性中皮腫が世界で初めて報告されたのは、一九三五年でした。五〇年代に、アスベストばく露と肺ガンとの因果関係が確定し、六〇年代に悪性中皮腫との関連が明白になりました。一九六〇年以降、アスベスト労働者の妻子や使用人、近隣住民らの悪性中皮腫等の報告が相次ぐようになり、アスベストは小量ばく露した者に対しても危険であることが判明しました。」（アスベスト根絶ネットワーク著『ここが危ない！アスベスト』緑風出版、二〇〇五年、三〇頁）

「アスベストが有害だと分かったのは一九六〇年代だ。それなのに、国も企業も被害を出さないためにこれまで万全の策をとってきたとはいえない。」（朝日新聞二〇〇六年一月二三日朝刊の社説「石綿救済法」）

（3）　一九七一年、労働安全衛生法に基づき特定化学物質等障害予防規則（二〇〇五年に石綿障害予防規則として分離独立）が制定され、作業現場の規制が始まる。略称・特化則第二条の特定化学物質の定義に、「施行令別表第三に掲げるもの」として「石綿（アモサイトは除く）」が入っている。アモサイト（茶石綿）に関しては、特化則第三八条の八・九（石綿等に係る措置）において「施行令第一六条第一項第四号に掲げる物」に指定されている。つまり、アモサイトとクロシドライト（青石綿）、アモサイトおよびクロシドライトを除く石綿を重量換算で一パーセントを超えて含有する別表第八の二に掲げる製品に関しては労働安全衛生法施行令第一六条により、特定化学物質の一つ上位の「製造禁止物質」とされているわけである。ただし、過去に製造され、すでに流通している当該製品に関しては、特化則第三八条の八・九において作業条項が示されている。

（4）「アスベスト発生源対策検討会報告書」（昭和五九年一二月　座長興重治　当時、労働省産業医学総合研究所部長）

（5）　七七年から旧環境庁で大気中の石綿の濃度を調査していながら、八九年まで大気汚染防止法による規制を行なわなかった対応については、正当化に終始する。「測定された石綿濃度は非常に低く、国民への影響は非常に小さかった」と理由を述べ、「当時としては妥当な判断だった」と結論づけた（朝日新聞二〇〇五年八月二七日朝刊「時時刻刻」の欄「アスベスト対策検証」）。行政責任は明確には認めず、予防措置が浸透していなかった原因などを「今後とも精査する」とするに止めた（日本経済新聞二〇〇五年八月二六日夕刊「省庁連携、反省の余地」）。ただし、「政府が危険性を認知して以降に石綿を吸い込んだ患者が今後も増え続けるとの予想もあり、責任論はくすぶり続けている。」（朝日新聞二〇〇六年一月三一日朝刊「くすぶる政府の責任論―規制の遅れ問う声」）

（6）　毎日新聞二〇〇五年九月一〇日朝刊「主張　提言　討論の広場」の欄「アスベスト禍を考える」というテーマで、日本石綿協会環境安全衛生委員長の富田雅行氏は、「リスクとコストと有益性に関するリスクコミュニケーションをさらに活性化し」と、相変わらず協会のリスク・ベネフィット論的な考え方の健在ぶりを示している。

（7）　米国のセリコフ博士は、「アスベストによるガン発生に関しては、それ以下ならば安全だと言える量の存在を証明した研究はない」と述べている（中村三郎著『水道水も危ない―アスベスト汚染の恐怖』酣灯社、二〇〇六年、四九頁)。『静かな時限爆弾―アスベスト災害』(新曜社)の著書もある東京女子大学の広瀬弘忠教授は、「アスベストに安全量、許容濃度というものは存在せず、どんなに微量であっても健康に害をもたらす危険性がある」と指摘している(同前、一〇七頁)。また、「アスベスト繊維は一本一本が発ガン性物質なのであり、一つの臓器に何万本、何十万本のアスベスト繊維が蓄積されなければ発ガンしないというものではない。たとえ数本のアスベスト繊維であっても、また、その長短(大小)に関係なく、いったん体内に入れば血液の流れによって細胞に突き刺さり、そこがいずれガンに発展する危険性があるのだ。」(同前、一〇八頁)

「アスベスト繊維を少し吸い込んでも、がんになる可能性があります。発がん性に関しては、「安全な濃度」というものはないと考えられています。」(一七頁)「さまざまな機関の推定を比較検討した研究をもとに計算すると、例えば一リットル中にアスベスト繊維(白石綿繊維と他のアスベスト繊維の混合)が一本含まれている空気を一〇万人が五〇年間呼吸した場合、一三人から一三〇人が肺がんあるいは悪性中皮腫で死亡すると推定されます。」(四八〜四九頁)以上、アスベスト根絶ネットワーク著『ここが危ない!アスベスト』緑風出版、二〇〇五年。

「アスベスト繊維の沈着量と中皮腫発生とのあいだに量―反応関係がないという事実」(森永謙二編著『アスベスト汚染と健康被害』日本評論社、二〇〇五年、九六頁)は、医学的見地からも確認されている。

(8) 以下、政府機関の証言・回顧については、「アスベスト問題に関する政府の過去の対応検証について」(平成一七年八月二六日)のうち、「アスベスト問題に関する厚生労働省の過去の対応の検証」(別添①)および「石綿(アスベスト)問題に関する環境省の過去の対応について―検証結果報告の概要―」(別添②)から引用した。

(9) リスク・ベネフィット論の公式な会議体などへの政策的な採用は、十年ほどのずれがある。

九〇年代に入ると、環境政策に「環境リスク」という新しい考え方が導入された。中央環境審議会は九六年、有害大気汚染物質について、「一生涯人間が吸い続けた時に一〇万人に一人健康影響が出るかもしれない」というレベルで、環境目標値を定めるよう答申。これに基づき、化学物質ベンゼンの環境基準が新たに定められた(読売新聞二〇〇五年九月七日夕刊「アスベスト　大気中濃度の測定再開」)。この理論は、「多少の犠牲ならベネフィットを優先するのもやむを得ない」とするが、誰かの犠牲=万人がその中に落ち込む深刻な可能性を秘めていることに気づいていない。

（10）毎日新聞二〇〇五年七月二七日朝刊の「記者の眼」で大島秀利（大阪社会部）の署名記事「石綿を黙認した国――「健康と交換」の感否めず」は、「国は産業発展のため、国民の健康と引き換えに石綿の使用を黙認してきた面は否めない。」「私が警鐘を鳴らす最初のとっかかりを得たのは二〇〇〇年だった。厚生省（当時）の人口動態調査で過去四年間に二二四三人が中皮腫を発症して死んでいた。しかも、既に英仏独伊が発がん性を重視して石綿の全面禁止を決めていたのに、日本政府の動きは見られなかった。そのことを報じた。」と述懐している。

（11）小池百合子環境相（当時）は、「科学的な確実性がなくても、深刻な被害の恐れがある場合、対応を遅らせないという、予防的アプローチに欠けていた。率直に反省している」と、「予防原則」をとらなかった非を認めている（読売新聞二〇〇五年八月二六日夕刊「アスベスト省庁調査」）。

「政府は昨年八月末、関係閣僚会議で、過去の国の対応について検証結果を発表。」（朝日新聞二〇〇六年一月三一日朝刊「くすぶる政府の責任論―規制の遅れ問う声」）。ただし、「政府の検証で問題なのは、この考え方（「予防原則」あるいは「未然防止」）が「一般的にうけ入れられる状況ではなかった」などと、他人事のように書かれていることだ。では、だれが予防的アプローチを社会に浸透させるというのか。」（森永謙二編著『アスベスト汚染と健康被害』日本評論社、二〇〇五年、一八七頁）

また、次の引用のような場合は「予防原則」を発動し得ないかもしれないが、「予防原則」（Precautionary Principle）とは科学的検証を待たずに環境および生命への被害が疑われる要素を取り除くことであるため、毒性が早くから明確であったアスベストはこのケースには当たらず、「予防原則」を完全に当てはめ得る。したがって、アスベスト問題は完全に後追い行政だった。「化学物質のリスクは被害発生のつど法的に対処してきた。まさに後追い行政だった。学問としても毒性学や生態毒性学が未発達なため、これら被害の発生を十分に予見できなかったことが一因となっている。」（北野大「化学物質のリスクとその管理」『化学と教育』四七巻六号（一九九九年）三六二頁）

日本経済新聞二〇〇五年八月二日朝刊の「アスベスト禍（下）不作為のとがめ」（堅田哲、福田芳久、青木慎一の各記者が担当）という記事によると、有害物質に詳しい横浜国立大学の浦野紘平教授は化学物質や金属類のうち「毒性がはっきりしているのは二割程度で、残りはほとんど、リスクを抱えながら使っている」と話している。アスベストは毒性が強いことがわかっていて使っていた。毒性がすでにわかっていた物質に対する不作為であったため、厳密には「予防原則」以前の話だったのだ。

二〇〇六年二月に成立した「石綿被害者救済法」について、「問題なのは、病気の前兆が現れているだけでは、この法案では救済の対象にならないことだ。」（朝日新聞二〇〇六年二月一日朝刊）と、現在も相変わらず「予防原則」が重視されていない。

なお、「予防原則」については、次のような意見もある。「予防原則（Precautionary Principle）と予防的取組み（Precautionary Approach, 従来は予防的方策と訳していたが、現在は取組みで統一）については普遍的な概念があるわけではない。たとえば予防的取組みには、禁止、製品の規制、教育、警告など幅広い範囲があり、どの取組みをとるかは政策決定者に委ねられるが、可能な限り科学的評価にもとづくリスク分析、代替的な措置の有用性などを考えねばならない。」（及川紀久雄編著、北野大、久保田正明、川田邦明共著『環境と生命』三共出版、二〇〇四年、一一〇頁）

（12）元環境庁大気規制課調査官のホームページ http://www.eic.or.jp/library/prof_h/index.html を参照。以下の注においても、同元調査官の発言については、当ホームページを参照。

（13）「管理使用」が成り立たないことは、今でははっきりしている。次のような事実が確認されている。

「アスベストを取り扱いながら全く吸わないでいることは不可能に近いと言えます。アスベストを吸わないための最善の方法は、アスベストを使わないようにすることです。アスベストを吸い込まないようにするには、防じんマスクも必要です。アスベストは非常に細い繊維なので、ガーゼマスクでは役にたちません。国家検定を受けた防じんマスクを使用することが義務づけられています。しかし防じんマスクをしていても、アスベストを一〇〇%防げるわけではありません。粉じんの九五%を防げれば国家検定に合格します。アスベストの五%を吸い込んでいる可能性があるのです。」（アスベスト根絶ネットワーク著『ここが危ない！アスベスト』緑風出版、二〇〇五年、一一八、一一九頁）

「予防原則の観点からは、製造、利用、廃棄の過程においてアスベストが全く飛散しないようにするという措置が講じられるべきですが、飛散を一〇〇%無くすことが技術的・経済的に困難である現実を直視すれば、アスベストの利用そのものを完全に禁止するほかないはずです。」（宮本憲一編『アスベスト問題』岩波ブックレット、二〇〇六年、

五七頁）

「世界中のいずこにおいてもアスベストの「管理使用」は成り立たないという事実を直視することにより、より抜本的な対策である「使用禁止」という方向に進んでいきます。」と、「使用禁止」が必然的であることを述べている（森永謙二編著『アスベスト汚染と健康被害』日本評論社、二〇〇五年、三五頁）。

（14）「現在では、特殊なパッキン用などを除いて、アスベスト製品は一切必要ありません。建設省、文部省、竹中工務店、大成建設なども、新築時にアスベスト製品は使わない方針を打ち出しています。アスベスト不使用をさらに広げ、アスベストの使用を原則的に禁止することが必要です。」（一一〇頁）。「現在では、高圧・高温用のパッキンなどごく特殊なものを除いて、すべて代替品があり、アスベストは必要ありません。」（一三二頁）。以上、アスベスト根絶ネットワーク著『ここが危ない！アスベスト』緑風出版、二〇〇五年。

「環境保全グループ（Environmental Working Group. 以下、「ＥＷＧ」）は強い反論をしている。」（Environmental Working Group "Asbestos: Think Again", Oct. 2005.）現在、「ＥＷＧはアメリカの現状にたいして、次のような解決のための勧告をしている。」「アスベストは禁止しなければならない。アスベスト使用からくる不必要な病気や死についての無益な論争をつづける理由はない。代替物は存在する。禁止の時期はいまである。」宮本氏は、「この提言の趣旨はいまの日本にもあてはまる。」とも述べている（宮本憲一著『維持可能な社会に向かって』岩波書店、二〇〇六年、一一三〜一一五頁）。

（15）「「代替品がなかった」という主張も精査しなければならない。「ニチアスは一九八六年に、ニューラックスという代替建材を商品化した。新しい技術を使ったものだが、従来品より高かったので売れず、すぐに撤退した。もし、この技術開発を機に、国がこの分野での禁止時期を明らかにしていれば、脱アスベストは進んだだろう。脱アスベスト、代替品開発といっても、政府はそれをうながす対応をとらず、業界全体が困らない、外国に遅れないだけの護送船団的行政を続けていたともいえる。代替品を開発する気のない会社は禁止になるまでアスベスト製品を売り、禁止になれば撤退するだけの話だった。」（森永謙二編著『アスベスト汚染と健康被害』日本評論社、二〇〇五年、一八六〜一八七頁）

（16）「厚生労働省は、ダイオキシン類は人体に摂取されたのち、脂肪組織などに蓄積され、その一部は母乳中に分泌され、さらに赤ちゃんの摂取による健康影響が懸念されることから、また一方、母乳は乳児の発育、感染防止、栄養補給に与える効果が大きく、母乳を推進する立場からその安全性を検討していたが、現状の環境濃度では問題ないとしている。一時、最高六五pg／g脂肪まであったが大阪府が保存している母乳調査によると、ダイオキシン類の濃度は減少しており、最近二〇年間で半減している。」（及川紀久雄・北野大著『人間、環境、安全―くらしの安全科学』共立出版、二〇〇五年、一四二頁）

母乳はよくトレードオフの議論に使われるが、ダイオキシンのように禁止にすればトレードオフの議論は不毛で（意味がなく）必要なくなる。現に、ダイオキシンが環境中で減らせて、トレードオフ論が意味を失した。したがって、リスク・ベネフィット論の中心的立論たるトレードオフ論は化学物質の結論たり得ない。

（17）中西準子氏の『環境リスク論』（岩波書店、一九九五年）、『環境リスク学』（日本評論社、二〇〇四年）および中西氏のホームページ http://homepage3.nifty.com/junko-nakanishi/ などを参照。著者は「やめることのプラスとやめることのマイナスを比較しなければならない。」とも言っているが、比較して誰かが犠牲になることにはコメントなし。「リスク削減には、必ず別のリスク増大（ベネフィットの損失）が伴う」と決めつけるが、では、ＰＣＢやフロンは大きなベネフィットの損失もなく、やめることができたのをどう説明するのだろうか。

（18）リスク・ベネフィット論のリスク計算では、有害化学物質の発癌率を数万から一〇万人に一人というようにリスクを極端に小さく見積っている可能性がある。というのは、現在の全死亡者に占める癌死亡率の割合が三人に一人であることと掛け離れているからだ。なぜ、計算と実際がこんなに大きな開きがあるのか。複合汚染が計算されていないのも原因だと思われるが、現実の生活で私たちがこれほど高率で癌になる危険な状況にどんな事が考えられるか、日常生活の中に答えがあるように思う。

「アスベスト水道管が劣化するとアスベスト繊維がはがれてきます。」「動物実験では、口から入ったアスベストが体中に移動することがわかっています。米国のセリコフ教授らは一万人以上のアスベスト断熱材労働者を調査し、断熱材労働者は一般人にくらべ、肺がんのほか、胃がん、結腸・直腸がんにもなりやすいことを明らかにしています。」（七二頁、七三頁）ただし、「肺がんと悪性中皮腫のほか、喉頭がん、胃がん、大腸がん、直腸がんなどもアスベストによって起こるのではないかと疑われていますが、まだ定説にはなっていません。」（一六頁）以上、アスベスト根絶ネットワーク著『ここが危ない！アスベスト』緑風出版、二〇〇五年。

現段階では、「アスベストもその一つですが、単独の環境汚染物質のリスクは大きなものでなくても、現実の生活では、環境たばこ煙、ディーゼル排気粒子、アスベスト以外の微細な繊維状粉じんも合わせてばく露を受けており、そのリスクが単に加算的であるのか、それともアスベストと喫煙のように相乗的な影響の可能性はないのかといった点は明らかではありません。」（森永謙二編著『アスベスト汚染と健康被害』日本評論社、二〇〇五年、一七〇～一七一頁）

(19)　生命の保全の前提となる「環境保護の推進は、安価な材料を失うことによって生じる経済的デメリットより、優先度が高いものとして国際的なコンセンサスが得られているといってよいでしょう。」（勝田悟著『早わかり「アスベスト」』中央経済社、二〇〇五年、八八頁）

(20)　かりに、大気汚染防止法の基準（一〇本／一リットル）は下回っている場合でも、アスベストは存在してはならない物質ゆえ、基準を達成していることには意味がない。

(21)　惨状の原因追究は足りないが、責任の所在について宮本憲一氏も次のように指摘している。「今回の問題では、なかでも日本の企業組合の欠陥、専門家の責任（とくに学際的な研究体制の欠陥）が改めて問われるように思います。」（宮本憲一編『アスベスト問題』岩波ブックレット、二〇〇六年、二八頁）「一千数百人を数える日本環境経済・政策学会で、アスベスト問題に関心をもっていた人がほとんどいなかったということは、科学の危機、いや科学者の危機といってよい。」「公害・環境科学が専門化して、急速にすすんだようにみえて、これは知識を積み重ねているにすぎないのではないか。」（宮本憲一著『維持可能な社会に向かって』岩波書店、二〇〇六年、一六頁）。「今回のアスベスト災害の告発がおくれた責任の一端は医学者を中心とする専門家にあるのではないか。」（同前、四九頁）

順天堂大学の樋野興夫教授は「研究者は三〇年前からアスベストの危険性を認識していた。しかし、情報を継続的に発信し、社会全体で危険性を最小限にする努力を怠ってきた」と、自戒を込めて語る（読売新聞二〇〇五年一〇月七日朝刊「安全除去には一兆円」）。

(22)　当省（厚生労働省）では、「アスベスト含有製品について、遅くとも平成二〇年までに全面禁止を達成するため代替化を促進するとともに、全面禁止の前倒しを含め、さらに早期の代替化を検討する。」（平成一七年七月二九日アスベスト問題に関する関係閣僚による会合）との方針等を踏まえ、「平成一七年八月二五日、石綿製品の全面禁止に向けた石綿代替化等検討会を設置し、アスベスト製品の全面禁止に向けた専門技術的な検討を行ってきたところです」（平成一八年一月一八日　厚生労働省労働基準局「アスベスト製品の代替化の促進について」）。

平成二〇年までに全面禁止にする方針について尾辻厚生労働大臣は、「全面禁止をもっと早くすべきだったと率直に思う」と述べている。全面禁止への努力をもっと早くから進めることもできたことを示している。
(23)「アスベストのように普及している段階で、慢性的な毒性がほぼ判明していた場合、現実に目に見えている障害ではなく、潜在的なリスクを排除しなければならないため、法律による強制的な対策はきわめて重要といえるでしょう。」と、予防原則の必要性が説かれている（勝田悟著『早わかり「アスベスト」』中央経済社、二〇〇五年、五頁）。また、「国もようやく厚生労働省が新たに石綿障害予防規則（二〇〇五年七月一日施行）を制定し、吹き付けアスベストだけでなく、広くアスベスト含有建材の改修・解体時に、作業計画の届出義務を課すようになりました。」（石綿対策全国連絡会議編『ノンアスベスト社会の到来へ』かもがわ出版、二〇〇四年、九八頁）予防の視点がなかった証拠に、こうした対応が二〇〇五年にできたということは、もっと早期にできたはずである。
「主に壁や天井などの建材としてアスベストが大量に使われたのは、七〇年代から九〇年代初めにかけてだ。」（読売新聞二〇〇五年八月二七日朝刊「社説」「アスベスト―行政の責任を避けた政府検証」）「中皮腫の潜伏期間が三〇～五〇年の長期に及ぶことを考えると、政府が七〇年代前半に環境暴露対策や、厳格な労災対策を実施していれば、今後出てくる患者も含めた被害の多くは防ぐことが出来たと考えられる。」（毎日新聞二〇〇六年二月四日朝刊）
「二〇〇五年八月に政府が取りまとめた各省庁の過去のアスベストへの対応をみれば、あたかも各省庁はそのときどきにおける対策をとってきたように装っています。しかし、すでに述べたような「国民総被害」ともいえる現状そして未来に鑑みれば、これまでの政府の対策がいかにずさんなものであったかは誰の目にも明らかです。というよりも、むしろ政府は業界をはじめとした様々な利害関係者に配慮して、アスベスト対策については常に消極的だったと評価することができます。たとえば、国際労働機関（ＩＬＯ）の「石綿の使用における安全に関する条約」（一九八六年採択、一九八九年発効）についても日本は批准せず、その手続きを始めたのは、二〇〇五年七月からです。また毒性の強い青石綿や茶石綿の輸入・使用については一九九五年に禁止されましたが、これはいずれも産業界がそれらを輸入しなくなっていた実態を追認したものに過ぎないものです。」（宮本憲一編『アスベスト問題』岩波ブックレット、二〇〇六年、九～一〇頁）

ちなみに、「一九八六年、条約を討議したＩＬＯ総会で、北欧諸国や労働者代表は、段階的使用禁止の原則を主張。日本政府は、使用禁止に反対して、使用者代表や開発途上国のグループに属しました。日本政府は、作業場から発散される石綿粉じんが一般の環境を汚染することを防止するために必要な措置をとるという条文を削除する修正案を提出（否決）したり、ほかにもさまざまな注文などをつけていますが、この条約を批准するのは一九年後の二〇〇五年八月のことです。」（森永謙二編著『アスベスト汚染と健康被害』日本評論社、二〇〇五年、三六頁）

政府は「関係省庁の連携は必ずしも十分ではなく、反省の余地がある」と結論づけている。だが、具体的な「反省」例はほとんどなく、大半は、過去の省庁別の対策を列挙したにすぎない。今回の検証期間は一か月だった。学識経験者など第三者も加え、今後さらに時間をかけて多角的な検証を行ない、改めて公表すべきである（読売新聞二〇〇五年八月二七日朝刊「社説」「アスベスト―行政の責任を避けた政府検証」）。

(24)　このアスベスト問題は、それに囲まれて暮らしていることによって、個人レベルとしてはどこに危険が潜んでおり、いつ吸い込んで被害を被るかよくわからない、掌握できない状況におかれている。「一個人では環境問題にアクセスできない、つまり被害を回避できない」という筆者の持論を証明する好例である。筆者のリスク・ベネフィット論批判の概要を簡単にまとめると、次のとおりである。

「リスク・ベネフィット論の欠陥は、ある個人にとってリスクが増す結果をもたらす行為が主体的に選択された行為かどうかを区別せず、したがって自己責任で回避できるリスクとそうでないリスクとを混同していることである。そして結局、個人としては回避できずにいる致命的なリスクでさえ、それが人為的に（政策的に）回避できるにもかかわらず、回避しようとしないことである。

環境問題の特徴は、個人には不可抗力の形で不可逆的な被害が万人に及び得るという点にある。私たちは個人のレベルで有害化学物質の規制基準などを決定することはできず、環境汚染の中に浸っていない境遇を、汚染の程度がかりに致命的であったとしても選択することはできないからにほかならない。リスク・ベネフィット論によって正にそうした不可抗力は放置され、むしろ人為的に増幅される恐れさえある。」

一九六〇年代に発癌性の疑いが出たときから、どこかの時点で「予防原則」を発動しなかったことの結果がこういう結果になったのであり、「予防原則」を発動しなかったことの結末を証明している。「予防原則」をとったら代償が大きいと主張するリスク・ベネフィット論者はどう返答するのか。リスク・ベネフィット論者はよくも「予防原則」が馬鹿げていると言えるものだ。「予防原則」の重要性と政府の役割の重大さを改めて痛感させられる。

「アスベストと健康被害の因果関係を知らない勤務者も多い」、「子どものころの吸引が原因とみられる」などの記事を新聞で見たことがあるが、例えばこういう事実は個人ではどうしようもない。つまり、個人レベルではアクセスできない、被害を回避できない環境問題が存在していることを示している。このような個人の気がついていない環境問題であったとしても、それは個人の責任であるというよりも、一個人ではアクセスできない環境問題なのだから、すなわち被害を回避できないゆえ、それは政府の責任となる。環境問題には個人では手が届かない、「環境個人疎外論」が該当する面がある。個人レベルで知らなくても、いや知らないからこそ、社会的に発癌性など有害性が疑われていたのであれば、政府は積極的に規制を考えるべきだった。正に、私見の政府による「個人としては回避できずにいる致命的なリスクでさえ、それが人為的に（政策的に）回避できるにもかかわらず、回避しようとしない」範疇に当たる。

アスベスト問題は公害であり、「個人アクセス不可」の具体的な表現を挙げてみる。

「アスベストは身近な発がん物質です。建材をはじめ三〇〇〇種類もの用途に使われ、私たちの身の回りにあふれています。非常に細い繊維なので、空気中に飛散すると、なかなか落ちてきません。風に乗って一一二〇キロメートルも飛んで行ったという報告があるほどです。肉眼では見えず、においもしません。放射能なら測定器で簡単に計ることもできますが、空気中に飛散したアスベスト繊維の測定は素人には困難です。自然界ではほとんど分解しないので、環境中にどんどん蓄積していきます。アスベスト汚染は確実に広がっています。」（アスベスト根絶ネットワーク著『ここが危ない！アスベスト』緑風出版、二〇〇五年、一八～一九頁）

「三〇〇〇種類も商品があり、日常的に住民が居住し、あるいは働いている空間にアスベストが存在します。このような商品公害は食品公害や薬害と同じような拡大製造者責任や予防原則にともなう行政責任が問われなければならないでしょう。」（宮本憲一編『アスベスト問題』岩波ブックレット、二〇〇六年、二三頁）

「環境庁の調査によると、幹線道路の近くでは大気中のアスベスト濃度が高くなっています。路肩に近いほどアスベスト濃度が高くなっているので、ブレーキから飛散したものと思われます。」（アスベスト根絶ネットワーク著『ここが危ない！アスベスト』緑風出版、二〇〇五年、七五頁）

「アスベストの存在確認をするには、技術的な知識も必要になりますので、一般公衆には困難です。」（勝田悟著『早わかり「アスベスト」』中央経済社、二〇〇五年、九六頁）

「過去において、五％以内の含有率の製品がノンアスベストと銘打って販売された事実があります。業界の自主的な取り組みとしてアスベスト製品には「ａ」マークがつけられていますが、五％以内の含有率の製品にはつけられてこなかったようです。今後、一％以下の低い含有率のアスベスト製品は法の規制対象になっていないという理由から、「ａ」マークもないまま、ノンアスベスト製品として流通する可能性は大いにあります。」（石綿対策全国連絡会議編『ノンアスベスト社会の到来へ』かもがわ出版、二〇〇四年、一〇八頁）

「建物の解体や改築時に、大気汚染防止法（大防法）では届け出義務のないアスベスト（石綿）の含有率一％以下の吹き付け建材について、測定の誤差から実際は一％を超えていたり、現場で高濃度の石綿が飛散している実態が相次いでいることが中皮腫・じん肺・アスベストセンター（東京都江東区）に寄せられた情報で分かった。」「同センターなどによると、西日本の福祉施設では昨年、改築のため民間業者に建材の調査を依頼し、石綿含有率は約〇・九％だった。ところが、公的機関が検査したところ、石綿含有率は届け出基準を超える約二％だった。また、近畿のある公共施設では、業者の検査で建材の石綿含有率はわずかに一％に満たなかった。このため飛散防止措置を取らずに改築工事に着手したが、室内の石綿濃度は、大防法で定めた石綿工場の敷地境界での規制値である一㍑当たり石綿繊維一〇本の二倍近くに達していた。専門家は業者による石綿の測定は方法の誤りや誤差が目立ち、小数点以下の数字はあまり信用できないと指摘する。」（毎日新聞二〇〇六年一月二六日朝刊「石綿高濃度で飛散―目立つ業者の誤測定」）

朝日新聞二〇〇四年一一月一三日朝刊「身近に残るアスベスト」という記事の、「目に見えないちりさえ通さない使い捨ての防護服と、顔を覆う防じんマスク。手袋の袖はテープでふさがれ、不織布のカバーで靴を覆う。埼玉県吹上町の県消防学校に今月、放射能漏れを思わせるものものしい姿の作業員が現れた」などは、禁止しかないことの証拠であろう。

しかし、リスク・ベネフィット論的な考え方をする研究者による、個人にとってアクセス不可であるかどうかを度外視している視点が、次のような表現からわかる。

「ここで注意すべきことは、一〇〇%安全な物質は存在しないということである。たとえば食塩であるが、われわれは毎日これをみそ汁やしょうゆなどから摂取しているが、この食塩とて、もし二〇〇g程度を一気に体内に取り入れたとすれば、おそらく食べた人の半数は死に至るだろう。酒やビールなどのアルコール類も同様であり、この場合、体重の一%、体重七〇kgの大人では日本酒で二升五合程度を一気飲みすれば、飲んだ人の半数が死ぬことになる。このように、物質の有害性はその量によって大きく変化するものであり、大切なことは、まず物質固有の毒性を十分に把握したうえで、可能なかぎり暴露を小さくする使用形態を考えることである。この考え方は、すべての化学物質に適用されるものである。」（北野大・及川紀久雄著『人間、環境、地球―化学物質と安全性』第三版、共立出版、二〇〇〇年、一一〇～一一一頁）

日本経済新聞二〇〇五年八月二日朝刊の「アスベスト禍（下）不作為のとがめ」（堅田哲、福田芳久、青木慎一の各記者が担当）という記事では、「石綿の発がん危険性はたばこに比べ、はるかに低い」（矢野栄二・帝京大学医学部教授）ともいわれるが、中皮腫は早期発見や治療が難しい。対策をおろそかにする理由にはならない。

リスクの問題は結局、自分で防げるか否かが問題なのである。つまり、自決できないという問題がリスクの問題の核心だ。自分だけではコントロールできない、個人には如何ともしがたいリスクがある。自己決定できないリスクこそリスクの核心問題なのだ。リスク・ベネフィット論の欠陥は、選べないリスクを選べるリスクと混同していることである。

リスク・ベネフィット論には、個人でリスク回避ができないという発想がないため、社会政策の発想が出てこない。個々人では無力な事に対処するのが社会を形成した意味であり、社会による政策的な個人のフォローを本質とする社会政策は、政府によって担われるべきものである。

もうひとつ、リスク・ベネフィット論の欠陥は、違った発想をして全員救える問題でも、「すべてを救うわけにはいかない」と、初めから諦めていることである。トレードオフを止揚することは考えないらしい。どちらをとるかという限界性に固着してしまっている。つまり、別の物質や方法への発想の転換からブレークスルーをする考え方がないのが明白であるところのドグマである。

リスク・ベネフィット論者は「リスクの大きさとその物質を禁止したときの別のリスクの大きさとを比較しながら対策を立てる」と言うが、歴史的に禁止する有害物質に対して人類は代替物質を考え出しており、代替物質ができたらこの比較による対策は無意味となる。比較だけから対策を導き出そうとするのは現状維持に止まり、人類社会としての進歩がない。代替物質の開発を急ぐインセンティブを引き出すためにも、この比較による対策は早々に放棄すべきものである。

(25)　命がかかっているだけに、補償費用と新たな人命損失を招かないようにする除去費用によって、余計に法外なコスト高となる。

「二〇〇〇年から四〇年間の中皮腫による死者は一〇万人に上るとの予測がある。仮に一人あたりの補償額を公健法による遺族補償並みの一千万円とすると一兆円の財源が必要。」（日本経済新聞二〇〇五年八月二七日朝刊「被害救済どこまで」）「アスベスト禍は、全面禁止を先送りし、管理使用の道を選んだ日本社会の負の遺産といえる。アスベストが吹き付けられた建物の解体は、二〇一〇〜二〇年がピークとされる。環境省によると、禁止されるまでに吹き付けられたアスベストは約一四万トン。これらをすべて安全に除去する費用を、現在の相場などから試算してみると、一兆円前後かかる。」（読売新聞二〇〇五年一〇月七日朝刊「安全除去には一兆円」）

第5章 「自決権付与評価制度」宣言

1 公共社会観の再編思索

これまでの人類史は、人間社会が生存能力強者の主導する経済成長を目指し、文明に生まれた余力はその有害な肥大化に向かい、そんな全体社会の維持に傾いていった自然の成り行きが、社会の歪みや環境問題を結果したことを明らかにしている。しかるに、人類は現時点でもなお、自然の成り行きを踏襲した社会しか築けてこなかった過去を引きずり、そうした全体社会指向につながった生存能力の偏重という自然の成り行きから脱却できておらず、人間社会は相変らず自然界と同じように自らを弱者への転落から防衛する生き抜く力本位の生存能力主義で成り立っている。

その生存能力主義こそ、人間社会に多くの人間扱いされない人々を作り出しているのみならず、万物の中で最も有能な人類を中心に位置づける人類中心主義を自ずと招来し、弱体化した動植物および自然環境を破壊に追いやる大本となってきたのである。そうした自然の成り行きとしての生存能力主義とその弊害に対抗し、それを是正し得るのは、生存能力なき者の自然の成り立ちに起因する不幸・悲哀を除去し、他者の困難・窮地を救済しようとする心性、あるいは生態系の一角に自らを位置づけ、他者と共生すべく遠慮がちに生きようとする心性であるところの、人類が人類になったことの特性たる人間固有の善良さをおいて他にはあり得ないと言わねばならない。

環境問題とは本来、生命や生態系が気付かぬうちに、潜在的に蝕まれる放射能汚染の問題に象徴されるように、切迫する環境変化にしか即応しようとしない自然選択任せの動植物にみられる適応行動では対応できず、人間として意図的に対処すべき問題である。人類の段階が到達した覚醒レベルは、そうした問題の性格をはっきりと認識もでき、そして社会的弊害をもたらす大本となってきた生存能力主義による自然の成り行きに対して、意識的にその逆をいき、根本的に反抗する力もある。

しかし、人類はまだ、そうした力の中心にあるのは、人類の特性としてあえて自然の成り行きを意識してそれに反抗し得る人間固有の善良さだと気付かず、善良さの真価とその社会制御システムとしての機能に目覚めていない。したがって、人間社会では未だに生存能力主義が社会を成り立たせており、残念ながら、人間固有の善良さを互いに発揮することが主要な社会形成の前提とはなっていないのである。

生存能力は動植物から継承した人類の部分的な属性であって、生存能力があるだけでは人類の段階としては誉めるに値しない。善良さこそ人類の属性であり、生存能力よりも高い価値付けが必要である。動植物と違い、人類の段階として社会を形成した意味を問うとき、これまでの生存能力で仕切られてきた社会機構を、善良さの真価への自覚とその機能を機軸に組み立て直すことが十全に人為的な社会の力を発揮できるようにさせるからである。

際立った個体差のある生存能力で社会を回転させることは常に社会的な脱落者を出してきたと共に、生存能力主義が本来なら誰でも持てる普遍的な人類の属性たる善良さを削ぎ、減退させることによって人類と生態系との共生を遅らせてきたのである。そこで、生存能力主義を抑え、普遍的な人類の属性ゆえ誰もが発揮できる善良さを社会制御システムとしての機能の中に取り込むことによって、生存能力なき者が救い上げられやすくなると共に、人間社会の範囲を超えて人類と生態系との共生が進展する。しかも、そのように人類と生態系との共生を図ろうとすることは、先に述べた文明内容の取捨選択を進め、「必需文明」を不幸・悲哀の除去と有害性の排除で構成するいわば「尊厳遵守文明」に行き着かせることになるため、人間社会を存続させるに止まらず、身体的な社会的弱者を包含して個の尊厳を確保しようとする正当な公益を達成しやすくするのである。

このように、人間固有の善良さはその真価がもっと評価され、それによって目下の生存能力中心の社会を改善していく必要がある。しかし、社会全体に生存能力主義が闊歩する中、人類の問題解決能力を語るとき、単純に生存能力主義の延長線上の考え方や対処法に止まる限り、これまでの生存能力主義による人間社会の失敗を重ねてきたことの繰返しとなるゆえ、カギは善良さを社会の中でいかに機能させるかである。すなわち、生存能力主義を振興することにもまして、人間社会が善良さを獲得・実行することの方をより重視すべきであり、それによってこそ問題解決能力は向上すると考えるのが妥当である。

では、どうすればよいのか、何をなすべきか。生存能力主義がもたらした産業界牽引型国家体制が招く弊害と、それに対処すべき政治・行政による環境政策の遅延や不完全さに対して、アメリカの環境ＮＧＯによる議会でのロビー活動や日本の公害反対運動などが異議申立てと改善行動を起こしてきたが、それらはこれまでの社会的枠組みにおける既存の意思決定システムからすると体制あるいは制度外の行為であり、いわばインフォーマルでイレギュラーな動きだったのだと言えよう。問題は、そうした異議申立てと改善行動を有効に結実させるために、いかに体制あるいは制度内に取り込み、位置づけるかにある。

この問題をさらに深く考えていくと、例えば日本国憲法にはその第一二条で「自由および権利は国民の不断の努力によって、これを保持しなければならない」と謳われているが、国民には努力する決定的な手立てがない、実効手段が欠如しているという致命的な欠陥に行き当たる。同じ観点から、国民が民主主義の理念を現実に生かさない限り、それはフィクションになってしまうとも主張されたりするが、現行の代議制のもとでは国民が民主主義の理念を現実に生かせないところに問題の核心があると言えよう。人々は社会を変える直接的な手段を持たないから社会変革を政治家や行政官に任せざるを得ないのだが、目下の利益誘導型の政治・行政では多くの人々が期待する社会は一向に実現しない。

そのため、近年人々は空虚な投票行動を断念するという既存の意思決定システムに対するささやかな抵抗の仕方に気付き始めたことによって、民主主義の根幹である普通選挙は機能しなくなってきており、国民が民主主義の理念を現実に生かせないことはますます明らかになってきた。人々は主権を持って社会構成員となっているはずなのに、権力に翻弄され、権力へのチェックができず、正に主権が空洞化しているゆえ、先に述べた既存の意思決定システムに対してアブノーマルな切り込みをせざるを得なくなっているのであり、それは近代以来の社会制御システムがすでに破綻していることを示している。

そこで、人々の声を政治や行政に届かせるにはどのような手立てがあり、そのために人々はどのように役割を果たすのかが問題となる。筆者は、目下の間接民主制の中にできるところから直接民主制を介在させ、問題別に関心があり、貢献したいと願っている人々に政策内容の検討を委ね、政策決定を任せる意思決定システムを考えてみてはどうかと提案している。この新たな意思決定システムこそ、これまでの異議申立てと改善行動をノーマルなシステムにさせ、「社会の失敗」をもたらしてきた生存能力主義の社会機構を根本から変革する人間固有の善良さをして社会的機能たらしめる方法ではないだろうか。

そもそも、近年人々が既存の意思決定システムに不自由を感じ、諦念を覚えるようになったのとは反対に、人々の社会変革への意欲を引き出すためには社会形成にあたって公正の観点がきわめて重要だが、そうした理念は意思決定システムが個々人のスタートラインを揃えることになる人間固有の善良さの発揮に準拠することによって具体化される。すなわち、生存能力などの生得的に格差のある要素と違って、人間固有の善良さの発揮は誰もがその気さえあれば可能なことから個々人のスタートラインを揃える公正な基準たり得るため、社会変革を目指す個人的対応の余地を残し、人間の自由を拡大するのである。だから、自然の成り行きとして偶然に持ち合わせた生存能力の強さを既得権とするように、権利というものは生まれながらにして所持していると当然のごとくみなされてはならず、善良さを発揮する自らの人間的な努力によって獲得すべきものなのである。したがって、善良さが発揮できる自由や権利が保護され、発展させられねばならず、そうすることで、やる気を起こせば社会が変わるとなれば人々は動き出すため、社会変革の効果は上がるのではないだろうか。

環境政策の先進国でさえ、大量の合成化学物質が環境に放出される危険を予想しながら、数十年間もずっとそれらの安全性を何ら確認せず、放置してきた例から明らかなように、人々が主体的に人間固有の善良さを発揮して直接社会変革にタッチできる新たな意思決定システムがいかに必要かがわかる。人々が自らの手で個の尊厳を確保しようとする正当な公益を実現できる社会的仕組みが嘱望されているのである。

すなわち、個の尊厳を遵守する公益が人間社会を構成する生存者として当然に享受すべき人間的な公共性だとしたら、人間個々人が人間としての生きる意味・生きる意欲を満たす主体者として公益を創出することが新たな公共性であり、後者の公共へのアクセスによって前者の自らの公共政策を構築していける制度がなければならない。そこでは、個の尊厳の遵守を生きがいとする人々からの主体的なアクセスが集合して新たな公共性が達成されることがカギとなる。そのようにして、人間社会としての正当性を持つ意義ある社会への転換が図られ、人類の段階に、ふさわしい社会ができ上がる。

しかし、これまでのところ、人間社会は自然の成り立ちを踏襲した稚拙な段階に止まっており、その構成員たちも人間一人ひとりを慈しむデリカシーを持ち合わせていない。こんな人間たちであるのは人間社会が全体主義的な社会的枠組みだからなのか、それとも個の尊厳を最重点におかない人間たちが作り上げたのだからこんな社会ができ上がったのか。それは、全体主義的な自然の成り立ちの中で育ち、その影響を受けてきた人間たちが作り上げた社会だからこんな社会であり、後にそうした社会と相互作用し、その影響下にあってこんな人間たちとなっているのである。したがって、このままでは、こんな人間たちだから社会は良くなるわけがないし、こんな社会だから人間たちが良くなるわけもない。

また、この社会は、社会的弊害をもたらす生存能力主義の隆盛を当然視する生存能力強者が盤踞しているからといって、人間の質とその社会とのかかわりを問わずに、目下の社会的弱者に生存能力をつけさせて強者へと押し上げる単純な弱者解放では、弱肉強食の立場が逆転するだけで従前の繰返しに終わる。基本的に人間社会は未だに、人間を慈しまない人間が同じく人間を慈しまない人間を軽んじているという同類の二者、すなわち似た者同士の集合した社会だから問題が尽きないのである。

しかし、これからの人間社会のあり方を考えるとき、その構成員たちが公共へアクセスする一員たり得るか否かについて吟味することは重要だが、決して人間たちの方を先に変えようとするのではなく、是が非でも社会的枠組みの方を先に変えねばならないことは言を待たない。さもなくば、この社会はすでに生存能力強者が盤踞しているために善良さの発揮は割って入れず、先に自己変革を遂げた者がいても、努力したところで成功する見通しが立たない社会機構ではそれ以上にどうしようもなく、また人々のさらなる退廃を招きかねないのである。

そこで、まずは、新たな意思決定システムを主とする社会的仕組みの構築が、人間一人ひとりを慈しみ、個の尊厳を最重点におくように、社会構成員たちから主体的行為を引き出すことで重要となる。その上で、そうした人間固有の善良さの発揮が集合していって、社会機構と善良な心性との相互循環が生み出されるのだが、それを保証する具体的な制度パラダイムについては次節で詳述する。

2　「自決権付与評価制度」の基本定式

(1)　問題の所在

前世紀末、今世紀は明るくなるのではないかと、社会の変化を期待させた幾つかの出来事があった。阪神大震災や福井県三国町の重油流出事故にボランティアが大結集したこと、NPO（民間非営利団体）法の成立によって善意の人々がその活躍の余地を広げたこと、また企業が環境監査を行ない、格付け会社が企業活動をチェックするなど、経済界にこれまで見過ごしてきた「市場の失敗」を自ら是正しようとする姿勢がみられるようになったこと、これらは確かに社会が一歩前進したことを物語る喜ばしい動向であった。

しかし、こうした民間パワーの噴出は社会を好ましい方向に導くような予感を世間に与えはしたが、筆者はそれに対して一義的に、すなわち手放しで同感することができなかった。そうした明らかな変化にもかかわらず、事情は現在に至るまで同じだが、政治・行政システムに民意を反映する機能が欠落しているがために、それら喜ばしい動向が既存の社会的枠組みの根本転換につながらないという行詰りをきたすこと必至だからであり、基本状況には従来と比べてさして変化がないからである。

今日の政治・行政システムの問題は、社会の各領域、現場従事者の参加を制限する役割限定主義の支配によって全社会的な問題解決の知恵と意志を矮小化する代議制による立法と、行政がその不充分にして欠陥のある立法に基づき、問題改善の意欲のある全社会的な潜在パワーと連動できるシステムになっていないことである。その結果、行政は恣意的な裁量に偏り、その中で規制テクニックの駆使が偏重され、ある問題をそれのみ特定的に、技術効率的に解決しようとする傾向に陥りやすい。

他方、ほとんどの個人も団体も、意思決定過程としての目下の政治体制あるいは社会体制のもとでは、およそ社会の中に構造化されたあてがいぶちの選択肢しか与えられていないことによって、環境問題のように、社会が抱えるさまざまな問題の深刻化にほぼ否応なしに荷担させられているのである。これは由々しき問題である。つまり、仮に個人や団体に改善意欲があっても、とれる手段には限界があり、こうした既存の社会的枠組みに対して構造的な問題解決にかかわることができないだけではない。その派生現象として、たとえ限界のある改善手段ではあっても、それがひたすら生活の利便性や事業の収益性が追求される社会趨勢に抗してまで全社会的な、あるいは社会的に相当程度の広がりをもった選択となって推進されるほどのインセンティブをもたないことをも助長しているのである。

環境問題はよい事例であるが、家庭から出るゴミの収集と処理が税金で賄われるのに起因してゴミ問題が解消しにくいことに協力しようと手間暇かけて分別の努力をしたとしても、不燃ゴミの大半は埋め立てるだけで問題解決にはなっていないという限界があり、多くの人々は構造的な問題解決にはかかわれない。また、この場合、目下分別の努力は人々の良識に任されており、その広がりを保証するインセンティブはない。しかし、ともかくも、分別の努力は全社会的に普及していったとしても、人々はなおゴミ問題で分別よりさらに重要な減量化を阻害する一端を担わされている。

すなわち、日々生鮮食品や日用品はスーパーなどでパッケージごと売られている商品を買うしかなく、また耐久消費財は修理を必要とする頃にちょうど部品がなくなって買い替えるしかないなど、パッケージゴミや粗大ゴミを出さざるを得ない状況にある。こうして、人々が社会改善よりは自己保存に向かうことに慣れ切ってしまっている社会趨勢の中では、仮に部品の在庫があったとしても、修理するよりも新品を買う方が経済的にも機能やデザインの面でも得することが多いため、わざわざ自分だけ不利益を被るか、世間並みに比してあえて自らの生存を不快にするような選択肢を、社会のかなり広範な人々、すなわち既存の社会的枠組みを構造的に変革するに足るだけの広範な人々にとらせるインセンティブは存在しない。

構造的な問題解決にかかわれない点で、NPOや企業といった団体も単に個人の集合体という域を出ないことは確認しておかなければならない。NPO法案が国会を通過してNPOが法人格をもち、行政当局から事業の委託を受けたり、議題の協議に加えてもらったり、一定の信頼を得たとしても、それは既存の政治的な意思決定過程の変更を意味するものではない。また、NPO活動に参加する人々はとくにインセンティブがなくても本来的に改善意欲を備えているが、それは本格的なインセンティブを必要とする幅広い社会的な選択に比べて限りがある。

企業はその成り立ちが利潤の最大化に動機づけられた存在であり、先の例ではスーパーなどが商品をノーパッケージで販売しにくいように、多数消費者の支持なくして浪費を促す社会的風潮に逆行はできず、既存の社会的な意思決定過程を変更することはできない。また、企業が自主的に環境監査を行なうことはあるが、それは経済計算の結果、目下通常では収益を増す場合は改善意欲へのインセンティブとなり、そうでなければ改善意欲へのインセンティブはない。

こうした既存の社会的枠組みにみる現状を打開しなければならないが、ではどうすればよいのか。それには、目下の意思決定過程としての政治体制あるいは社会体制では、先に挙げた二つのシンボリックな実態、すなわち、改善意欲があっても構造的な問題解決にはかかわれないのと、とれる改善手段でも利便性や収益性が追求される社会趨勢に抗する広がりをもった選択とはならないのはなぜか、その背景を検討しなければならず、その上で、どうすればよいのか、打開策を示したい。

そこで、本節でまず問題にしたいのは、現代社会でも踏襲している法的制裁システムに傾いた西欧近代の基本的性格を、制度的に人間の善良さを評価し引き出す方向を中心とした社会的枠組みに大転換しなければ、今後適正な人間社会の発展は望めないのではないかということである。制裁の社会制度は存在するのに、評価の社会制度が存在しないのは、人類がその歴史的経緯によって到達した現行制度パラダイムの致命的欠陥である。問題の根を絶ち、社会が根本的に改善の方向に向かうのには、社会の多数者に対して有効に「善なる欲求」を引き出せる社会制度を含んだ社会的枠組みを構築することが必要である。

そうした「善良さ引出し」の社会制度の原初的な形態として、郵便局の国際ボランティア貯金（通常郵貯利子の二〇パーセントを途上国民生・福祉の向上のために寄付するシステム）のような例が挙げられる。「原初的な形態」と断ったのは、その貯金を行なっている人の善意が評価されないために、さらなる貯金意欲が解発（release）されにくいことで、まだ問題点がクリアーされていないからである。

したがって、次に論及したいのは、この問題点を根本的にどのようにクリアーしていけばよいのか、すなわち善意をどのように評価し、引き出すのか、その目指すべき理念とは何かということである。それは、人々の善意を意思決定権の付与によって評価し、そうした政策決定への参加チャンスの付与によってさらなる善意が引き出されるようにすることである。環境問題など、社会が抱える問題に取り組む個人や団体が評価され、その評価を蓄積する者ほど環境規制および誘導策といった問題の改善を導く行政手法の策定や決定により多く参加していけるような制度的仕組みを確立すれば、社会が機能していく枠組みとして環境改善の達成、適正な社会発展の実現の方向に有利に機能していく良性循環の枠組みができ上がる。

今日の価値多様性社会の価値中立主義が支配的な中で、環境改善のように、価値志向が許容されるほど公共性および緊急性が高い社会問題の場合、問題改善の意思決定に社会構成員の全員がその主体的意志さえあれば参加でき、しかも改善意欲のある者ほど意欲をより多く発揮できる体制を整えることが正当性をもつ。こうした規範性のみならず、有効性について考えてみても、環境問題は人間生活のほぼあらゆる側面がかかわっているだけに全社会的な取組みがその解決を容易にし、しかも改善意欲を正当に評価してそれをさらなる問題解決に向けさせることが、全社会的な取組みの総和に関して累進的な効果をもたらすわけである。そうした社会機構は人々に真の自己決定権を与え、近代以来形式的価値として据え置かれてきた人間相互間の公平性・民主性を本質的に達成することで、その反面として人々にあてがいぶちの選択肢を与えて環境破壊などを典型とする社会問題の文化的背景となってきた収益性・生産効率性偏重という近現代社会のあり方そのものを根底から緩和していくのではないだろうか。

(2) 西欧近代に欠落した善意への評価制度

西欧近代の社会的諸制度が前提としている人間像・人間への処遇は、法律違反をしない限り「善良な市民」としてみなし、人々を画一的に取り扱うことである。宗教や道徳の世界でのみ「心の罪人」(sinner)という概念がある。民主政治では人々の資質・努力の如何にかかわらず全人が一票の投票権をもち、自由経済では利益に対する飽くことのない追求が罷りとおる。そこでは、制度的な人間への差の付け方が法的犯罪者に対する制裁だけに止まっているため、したがって法律さえ犯さなければ人間的に悪辣でもよいことになってしまう。

自由民主主義が成立勃興してきた背景には、専制による多数者の悲惨に比べれば諸個人が行使する自己保存のための「小悪」の蔓延は大きな問題ではなく、多数決原理に従えば社会が決定的に悪い方向に向かうことはないから、それでよいという認識であった。しかし、民衆の自由選択によってナチズムという巨悪が台頭したことは事実である。また、今日末期症状を呈していると言われる地球環境問題も、諸個人が物質的利益を不断に追求するという多数者の意向の結果である。

このように、西欧近代が社会の器を整えることに重点をおき、それが基本的に人間の質を問わない仕組みになっているのが問題であり、そのようにして、西欧近代の社会制御手法は、社会が容易に機能していく枠組みとなるように、すなわち手っ取り早く安易に社会制御システムが機能していくようにした、きわめて安易な手法である。そうした社会的枠組みの性格は現在なおまったく変わっておらず、むしろ昨今、利益誘導に鼓舞された能力主義・結果主義による人間への評価がますます確立されてくるにつれて、本来人間に備っている以上の悪辣さが引き出されるようにさえなってきていると言えないだろうか。資本主義制度には利潤最大化指向、利得勘定に徹した経済計算、不等価交換原理など、人間本性が悪い方向に向かうべく拍車をかける側面があることは確かである。

では、問題なのは、なぜ、この社会には人間本性以上の悪辣さを煽るようにインセンティブを与える制度的な仕組みはあるにもかかわらず、人間の善良さを評価し、引き出す社会制度はないのだろうか、ということだ。そうした制度が存在しない現状のままでは、多くの人が悪い方向に引っ張られる一方ではないか。だから、目下の社会趨勢に揺り戻しをかけるため、従来の評価基準に反し仮に能力がなくても、善良な人の善意を形として評価できる社会制度化が必要ではないか。人間にはせっかく良い資質・素質もあるのに、社会的枠組みがそれを引き出すようなシステムになっていないのが問題であり、したがって、このあたりで制度パラダイムの変革が必要なのではないだろうか。

現行の法制は人間の悪辣さが暴走しないように外枠をはめるがごとく、制裁によって人間本性のうちの悪い資質・素質を規制する方に力点がある。それは、善良さを引き出す制度に呼応しない者、その隙を突こうとする者の反社会的行為をチェックできる点で、なおも存在価値はある。しかし、制裁による本性を抑制する手法のみでは人間の善良さのモチベーションを高めることはできないから、人間の生きる意欲を活用する方向に本性のうちの良い資質・素質を誘導しようとする手法も合わさった社会的枠組みによって、今後の適正な社会発展にとっての必要充分条件が形作られるのではないだろうか。

人々の善意を評価するシステムは、道徳や倫理観に基づく個別的な慣習としては存在する。それは、一部の人々の行為規範にはなっている。しかし、多数決原理によって社会が動くとすれば、その多数派の人間の質を変える方向に機能し得る社会的な仕組みとはなっていない。「機能し得る」とは人間のモチベーションにインセンティブのある方法ということであり、「社会的な仕組み」とは人々が自ずとそのように振る舞う仕掛けのことである。本来こうした問題にこそ応えるのが社会科学の一大事業なのだが、これまでおよそなおざりにされてきた。

ではなぜ、人々の善意を評価するシステムを「機能し得る社会的な仕組み」にまでもっていかなければならないのか。それは、そうすることによって、社会の多数者にとって人間の善良さを発揮することが「新たな生への意欲」となるからである。そうすることで、人間に本来備わるさまざまな本性のうち、「善なる欲求」が有効に解発できるのである。では、どのように人々が「善なる欲求」を「新たな生への意欲」とすることができる「機能し得る社会的な仕組み」を作り上げるのかは、次の項目に譲りたい。重要なのは、最低限それが金銭価値に還元できる利欲充足的なインセンティブ手法では、望ましい結果にはならないことに注意が払われる必要があろう。

そうしたインセンティブ手法では、これまでの問題だらけの社会趨勢を規定してきた原動力の性格に変化がないことになり、今後も社会の方向を決定する問題の根は絶たれていないことになる。そこでは人間の思考・行動様式がそうした傾向性に不断に影響され続け、結局適正な社会発展の達成はおぼつかないであろう。

(3)　新しい権力行使の制度的な仕組み

近代法原理に裏打ちされた既存の社会的枠組みが人々に保証しているのは、近代的な社会制御システムとしての自由、平等、民主、人権といった形式的な原則である。したがって、ごく一部の個人や団体を除いて、多くの人々は政治社会や経済社会の運営に実質的には参加しておらず、社会の中に構造化されたあてがいぶちの選択肢、その範囲内での自己決定権しか所持していない。そして、業績主義が貫く近現代社会のあり方は、理念上人間を平等扱いするとしながらも、人間が持つ資質のうち生存能力とそれによる競争がもたらす結果を重視するため、一部の有能な者に意思決定権を偏在させることになってしまっている。

また、社会が容易に機能していく枠組みとなるように、すなわち手っ取り早く安易に社会制御システムが機能していくように、制度的な人間に対する評価の仕方が既成の法律に抵触するかどうかという点に限られており、抵触すれば制裁を受けるが、抵触しなければ人間的に悪辣でもよく、基本的に人間の質を問わない仕組みになっていることは先に述べた。そうした中で、利潤最大化指向、利得勘定に徹した経済計算、不等価交換原理といった利欲偏重によって、人間本性が悪辣な方向に向かうべく拍車をかける側面をもともと有する資本主義制度などが社会の進展を牽引するものとして実質的に優位を占めているために、むしろ本来人間に備わっている以上の悪辣さが引き出される結果にさえなっているのである。

そこでの問題は、この社会には人間本性以上の悪辣さを煽るようにインセンティブを与える制度的な仕組みはあるにもかかわらず、逆に人間がせっかく持ち合わせている善良さを引き出そうとする社会制度はないことであった。以上のような近現代社会のあり方は善行が評価されない社会システムだから、政治的あるいは社会的な意思決定権を持つ有能な者はその能力を善行には向けずに、利益獲得など利欲充足に向けて悪辣化していきやすく、構造的な問題解決にかかわれない多くの人々は、所与の社会趨勢に反抗できない以上、自己生存防衛のためにそれに追従するしかないか、さらに一足掬われ、例えばコマーシャリズムによって行き過ぎた物欲を駆り立てられるように、程度の差こそあれ悪辣化の方向を辿りやすい。

こうした状況下では、能力ある者は力を発揮して思いを実現し、生き生きとしているが、能力がなければ、改善意欲があっても構造的な問題解決には届かず、その善意には実効性がないことから、多くの人々は生きる意欲を減退させられている。しかし、人間生活のほぼあらゆる側面がかかわっている環境問題に象徴されるような社会問題は、全社会的な取組みが根本的な問題解決には必須であり、多くの人々が行動を起こさなければ、環境破壊などを構造的に内包した近現代社会のあり方を変革できないことは言うに及ばず、今日の環境政策などの公共政策における行詰りの解消も奏功しない。

この閉塞状況を打開するには、価値志向が許容される環境問題などの場合は、環境改善という善行だと規定し得る行為を明確化でき、その増幅による社会発展は正当視されるため、そうした善行をしっかりと評価し、評価の結果が有効に現在の政治的あるいは社会的な意思決定過程の変革に結びつく新しい権力行使の制度的な仕組みが確立されるように制度パラダイムを転換する必要がある。この新しい権力行使の制度的な仕組みが実現すると、従来の人間に対する評価基準とは違って、能力がなくても善良さが正当に評価され、誰でもその気になれば善行はできるので、自分のできることで社会に影響を及ぼせるため、それが新たな生への意欲となって、その集合によって全社会的な取組みが形成されていく。

ここで重要なのは、善行を評価する社会にすること、逆に評価することで善行を促進する社会にすること、そして善行を引き出すべく人間のモチベーションに対してインセンティブを与える評価の仕方を意思決定権の付与、すなわち政策決定への参加チャンスの付与とすることである。

そもそも善行を評価することの意味は、正に評価することで逆に善行を促進することになり、評価というインセンティブの存在によって、現在は道徳や倫理観任せとなっている善行の奨励よりは善行が引き出される可能性が高いということにあるが、善行を引き出すインセンティブを政策決定権とすることの意味は、次の三点に要約できる。まず、政策決定は善行した実績を持つ者が行なうべきであること、また政策決定が善行者が集まって行なわれるだけにその最大公約数としてさらなる善行が引き出される可能性が高いこと、そしてその際自らが加わった決定によって実現したのが善行が体現した成果であるから改善行為に関心が強まり、それが同様な善行への意欲につながり得ること。

人間は通常、賞賛などの評価を受けたときと、自分の意志と力で目標を達成したとき、評価と自力達成感という報酬を得ることによって当該行為への意欲を持続させると言われるが、まず善行に対する政策決定権の付与はその付与による評価という報酬を伴っていることで、また自らも一員となって善行体現成果を達成したのならば、その達成感という報酬に満足することで、同様の善行を繰り返そうとする意欲が強化されるわけである。

いずれにしても、多数決原理によって社会が動かされるべきである以上、多数派の人々に善行を促す、機能し得る仕組みとしては何らかの具体的な報酬によって評価することが必要であり、善行の誘発度を高める実効性をもつ。善行を引き出すのに有効と考えられるさまざまなインセンティブの中で善行を再誘発する可能性の高いインセンティブが適正な社会発展を加速するためには望ましいわけだが、前述のように政策決定権の付与というインセンティブはこうした目的に合っていると共に、多くの人々にとっては自己決定権の取得でもあるため、新たな生への意欲につながることになる。しかも、人間は自己のスペース、存在感への欲求が強く、自らの決定による達成成果を目の当りにするのは、世間で一般的な物質的報酬による欲求充足を超える至福をもたらすとも言われている。したがって、あとは善良でさえあれば生き生きとできるように社会がカバーすることで、人々は喜んで自発的に善行するようになり、人間の生きる意欲を活用して人間の善良さを呼び起こすことができ、多数派の人々の質を引き上げることにもなる。

また、政策決定権の付与は物質的利益の付与では得られない次のような作用も期待できる。政策決定権の付与は、社会の中で活躍でき、人々から尊重されたいという欲求を満たしはするが、政策決定の場は多数決原理に基づくため権限の行使と当事者の物質的利益とはつながりにくく、物欲とは無関係に善行を引き出すインセンティブとなり得る。他方、物質的利益によるインセンティブ手法では、自己の利得勘定に直結した範囲内の善行となるか、余裕があったり、利益を感じなければ善行が生じないため、前に触れたように、これまでの社会趨勢を規定してきた原動力の性格に変化がなく、社会の方向を決定する問題の根は絶たれていないことになる。

もちろん、人間は利欲的な存在だから自分の物質的利益と必ずしも直結しないインセンティブだけでは社会は機能していかないため、環境税などの経済的誘導策を駆使することは必要である。しかし、それは規制策と共に善行者たちの政策決定の場で策定および決定することにし、物質的利益と政策決定権とが結びつかないようにするのが肝要であって、経済的インセンティブが触発した改善意欲は経済的メリットによってのみあがなわれるに止めるのが適当であろう。

利潤最大化指向を成り立ちとする企業の場合も同様であり、収益を度外視にした社会貢献を行なったときに限って、経済的メリットの代りに政策決定権が付与されるようにするのがよい。社会が企業の立脚基盤であるから、どの企業も人間個々人と同様に生存し続けるためには利潤動機以外の貢献活動を展開し、企業の立場を政策決定に反映させることで社会的存在感のある企業になる必要がある。企業に対するこうした要求は、利潤偏重というその従来型の存在形態を緩和していくにちがいない。

(4) 二十一世紀の根幹を成す新制度パラダイム

善行を引き出す評価インセンティブと政策決定権の付与から成る新制度パラダイムが、今日の自由民主主義社会、既存の社会的枠組みと異なる特質は、まず、当事者の物質的利益とは直結しない善行が社会を回転させること、しかも社会が善行の累進的効果によって加速的に前進する仕組みとなっていることである。前者については、結果として、権力行使と経済的メリットとが結びつかないことで、問題となっている権力の腐敗を回避できる。また、後者については、これまでの能力ある者ほど累進的により多く社会に還元させる社会政策は収益と生産効率の偏重を余儀なくされ、環境破壊など社会的な歪みの増幅も宿命的に内包してきたが、善行を成す者ほどより多く政策決定に参加し、その善意をより多く社会還元に発揮させる社会政策は、それが目指す善行の累進的効果が加速的に前進する必要に迫られている環境問題などの解決にはきわめて適合的である。

新制度パラダイムが既存の社会的枠組みと異なる特質として次に挙げられるのは、個人もＮＰＯも企業も公平に政策決定のアクターとなれる、万人がアクセス可能な、そして万人マルチセントラル型の新しい権力行使の体制である。それは、既存政府の存在役割を相対化し、政府の原理的な問題解決能力の限界を指して言われる「政府の失敗」を根本治療することになる。また、この新しい権力行使の体制が実現すれば、例えば過去に環境行政を転換させるのに成功してきた公害反対運動の体制改善効果を恒常化したことになり、現在期待を集めている住民投票制の普通選挙制度としての限界を克服することにもなる。こうして、多くの人々がおよそ構造化された選択肢しか与えられていない民主主義の不完全さが払拭されれば、善行は誰にでもできるため、その政策決定過程に無数のキーパーソンの役割を果たす人物が出現し、スピーディに社会変革が進むことで人間社会に活力が漲り、人間個々人がこのように自分の世界を広げることによって現在の閉塞状況にある社会的枠組みの脱却が現実味を帯びてくる。

最後に、この新制度パラダイムが独裁制には行き着かない幾重もの歯止めが存在していることに言及しておきたい。まず、人々に対する善行の引き出しは非強制であり、人間の自発性の尊重に意義のある任意の奨励に止めていること。そして、善行に対する評価によって政策決定に加われるのは、一回の評価につき一回の決定参加に限られること。また、政策決定の場は善行者間の多数決原理による民主制であること。しかも、そもそも善行とは環境問題などに限っての価値志向であること。以上の諸点から明白なように、この新制度パラダイムは積極的に価値を志向する「積極的自由」を追求しつつ、なおかつ独裁政治体制に陥らない方策である。

これは、環境問題など限られた領域への適用であるから、可能な面から自由化・民主化を実現していくという形となり、中国などの社会主義国や開発独裁国家でも即座に実施することができ、効果を上げるだろう。国際社会でも同様の考え方ができ、この新しい権力行使の体制が国際的に構築されることによって地球環境問題などの緩和に役立つだろう。この新制度パラダイムは、二十一世紀における国内外の社会的枠組みの根幹を成すものとなるのではないだろうか。

第6章　環境破壊の意識構造

はじめに

環境問題は、社会を構成する個々人が全体として取り組もうとする姿勢にならなければ、十全な解決をみないというような性格を帯びた問題領域だとよく言われる。環境汚染源が一般の生活者をも含んで無限に存在し、またその広がりが地球の隅々にまで及んでいるからであろう。さらに、近年、地球の有限性、環境は限られた容量しか持たないことがますます明らかになるにつれ、その手遅れとならない解決が緊要なことから、環境問題への全人的な取組みがいっそう必須だという認識が高まっている。

正に、個々人の環境に対する意識が問われているのであり、行政官や企業人のような組織の構成員も一度個人レベルに立ち返って、その姿勢を問い直してみることが有効であろう。なぜなら、今やそうした社会構成員全員の個人的な意識、環境改善へのモチベーションにインセンティブを与え得る社会的な仕組みが創出される必要のある段階に至っており、それによって問題解決の大幅な進展が見込めるからである。

では、そのために、学問的な作業の第一歩として何を行なわなければならないのか。それは、まず個人レベルにおける環境破壊の意識構造を歴史的に解明し、したがってそこから帰結するその対処・克服の方向性を展望することではないだろうか。この研究分野はきわめて手薄であることから、環境問題の解決と同様に緊急を要するものと、筆者は考えているのである。

近代自然科学に代表される学問的な方法は、この世界における不確定な要素は観察および分析の対象とせずに、極力排除してきた。そして、自然を無機的な物質の構成体とみなし、死物同然に取り扱った。そこから形成される「死物自然観」が人々の意識構造を作り上げ、行政政策や企業活動にも影響を与えて、これまで生態環境を大幅に破壊してきたのである。

また、文化に根差し内面化した集合意識ないしは価値体系が、社会的意識としていかに社会的弊害、なかんずく環境破壊をもたらす深因となってきたのであろうか。そして、現代の思想状況・時代精神の形成と深く関係している経済的および社会的な交換原理や社会契約の思想、これまでの歴史進行にかかわっている有力な歴史哲学にみる必然史観が、いかに環境破壊を必然たらしめてきたのであろうか。以上それぞれ、先人の業績を踏まえて詳細に論述していきたい。

1　近代自然科学の特質と認識論

(1)　近代自然科学の特質と環境破壊の深因

近代自然科学がどのようにして始まったかについては、今日では従来とは違った学説が定着しつつある。超自然的な存在を崇める宗教や信仰と対立し、それらを否定するところから近代科学が誕生したと考えられていたのが、両者は両立し、むしろ信仰が科学を育てたとさえ言われるようになった(1)。もともと中世ヨーロッパにおける自然研究やそこから出てくる自然観は、アリストテレスの自然観やスコラ哲学に基づいていたが、そこには自然に関する研究と自然を超えた神について論じる神学とが混在していた。しかし、そういった混合は学問を不純化させるため、自然研究から神学を取り除かねばならないが、それによって決して神学を否定し、信仰を捨てたことにはならないとされた。事実そのような姿勢で自然研究に臨んだルネサンス期の自然科学の先駆者たちはおしなべて敬虔で正統的な信仰の持ち主であった。彼らの自然研究は神の偉大な栄光を讃えるために行なわれたと言

郵　便　は　が　き

料金受取人払

本郷局承認

4361

差出有効期間
2013年5月31日
まで

有効期間をすぎた
場合は、50円切手
を貼って下さい。

113-8790

（受取人）

東京都文京区
本郷2-3-10

社会評論社　行

ご氏名

（　　　　）歳

ご住所

TEL.

◇購入申込書◇　■お近くの書店にご注文下さるか、弊社に送付下さい。
本状が到着次第送本致します。

（書名）　¥　（　）部

（書名）　¥　（　）部

（書名）　¥　（　）部

●今回の購入書籍名

●本著をどこで知りましたか

□(　　　　　)書店　□(　　　　　)新聞　□(　　　　　)雑誌

□インターネット　□口コミ　□その他(　　　　　　　　)

●この本の感想をお聞かせ下さい

上記のご意見を小社ホームページに掲載してよろしいですか?

□はい　□いいえ　□匿名なら可

●弊社で他に購入された書籍を教えて下さい

●最近読んでおもしろかった本は何ですか

●どんな出版を希望ですか(著者・テーマ)

●ご職業または学校名

われる。(2)

ではなぜ、近代自然科学は、自然が霊魂や根源的な生命を含まない無機的な物質によって構成されるとし、それを死物同様に取り扱うようになったのか、という問題が起きる。それは一つには、キリスト教自身の根本にある神が天地万物を創造したという宗教的観念に由来している。すなわち神は自然の外にあって、その超越的な立場からそれら物質を創ったという一種の技術者とする発想によっている。(3) もう一つには、近代自然科学が担ったその本質的な性格に求められよう。

それはまず第一に、人間の感覚的経験を重んじ、感覚器官に直接に与えられる事実によって実際に検証され得るもののみが、人間の知識にとって積極的な意味をもつという実証主義の立場がとられる。すなわち感覚の働きが直接に達し得る範囲に、知識を限ろうとする傾向を科学的思考はもつ。(4) そしてその場合、感覚器官として特に視覚が重要視され、事物を詳細に観察して、そこから実証的に法則を導き出すために定量化、数量的な規定が進展する。というのは、事物の詳細な観察を進めていくと、その空間的および時間的な性質に着目することになり、事物の形とその変化を精密に表現していくことになる。すなわち形以外の色、音、臭い、味および手触りなどの性質よりも、幾何学的な形とその運動による変化という二つの視覚的な性質を特に中心に据えざるを得なくなる。そして、それに最も適しているのが数学的表現である。逆にまた、極力数量化が可能な範囲に限ることで、視覚的に捉えられる物質により着目するようになり、数学的表現のしやすいものをどうしても研究対象としていく。その結果数学的表現に乗らない、数量化とはなじみにくい事柄は落とされていく。したがって、純粋に物質的な現象のみが主題となって、自然の死物的把握が進展する。(5) それは、視覚的感覚によっては現象の背後にある本質や形相が捉えられないことと関係している。正に自然研究に対する思弁の拒否が実証主義の帰結である。第二に、近代自然科学は、人間の知識を感覚の働きが直接に達し得る範囲に限定し、数量的に規定され得る対象に着目し、それら物質的な要素によって自然の諸事物が構成されていると説明することから、唯物論の性格を帯びる。この傾向からも現象の背後にある事物そのものの本質については不問に付される。すなわち実体の不変の本性の代わりに、現象の変化の法則が求められる。それは、現象における特定の因子に関し、数量的に規定された諸状態の間の法則的関係がどうであるかのみが問題にされる、ということである。その限りにおいて科学的研究の成果は累積的であり得るが、その知識が得られた歴史的および心理的な過程や状況から切り離されて、それ自体で絶対的に存立するように考えられやすく、またそれが直ちに実在性そのものと同一視されるところに問題がある。[6]第三に、事物の対象化、客観主義が強調される。知識の客観性が確保されるためには、対象である事物をその他の要素による不確定な影響から切り離して純粋な形で取り出し、同時に行為の主体自身も対象から身を引き離して、いわば純粋な眼であるような立場にあるのでなければならない、とするのが科学的方法論である。観察される事物の過程とそれを観察する主体とは、実際は同一世界の連関の中に存在しており、しかも主体がその過程の生成と関係をもつにもかかわらず、特定の諸因子からなる系とその法則性のみが問題にされることによって、当の行為主体はその過程そのものとは無関係にその外に位置するものとして振舞う。こういった思考操作を加えることによって得られた知識が科学的であり、客観的であるとされる。このようにして得られた客観性が自然の実在性と同一であるわけはなく、むしろそれは自然の一面的な現象しか捉えていないばかりか、抽象的、主観的であるとさえ言え、それによって実体が汲み尽くされることは原理的にあり得ない。[7]第四に、物質的要因とその法則性だけで現象を説明していくと、機械論に行き着く。すなわち、物質から作られた部品が組み合わされ、一定の仕掛で動かされる機械と同じようなものとして自然の一切の事物を考える立場である。自然の中に生起するいかなる現象も、原因と結果の厳密な連鎖の中に組み込まれるとされ、自然の法則性と因果関係とが重ね合わされる。すなわち、運動法則が時間の経過に従って物体の位置を規定していくことと、ある系の先立つ状態が後続の状態を決定することとが重ね合わされ、この形式のみが真の因果関係だとされる。そして、物体に力を加えれば、その力は必ず結果として一定の仕事を果たし、力という原因と仕事という結果の連関によって機械が連想され、機械論となる。こうして自然のあらゆる現象は、一定の物質的な構造と必然的な因果法則のもとに運動し変化していくものだ、という機械論的自然観が生まれた。それはまた、あらゆる現象が自然法則によって因果的に決定されている、という因果決定論でもある。(8) 第五に、絶対空間および絶対時間の考え方に見られるように、あらゆる自然現象が絶対的な一義性をもって規定され、ある一定の法則性が全体化されることである。この傾向は「ラプラスの魔神」に象徴されて説明される。それは、もし途方もない能力をもった魔神がいるとして、ある時点における宇宙のすべての物体の位置と運動量を知ったならば、運動法則を適用し、連立方程式を解くことによって、過去未来の任意の時点におけるすべての出来事を知ることができる、というものである。このように世界全体を一義的に把握しようとするのである。すなわち、等質的に無限に広がった空間と均等に流れる一様な時間が、客観的実在として存在すると考えられた。

そのようなある局部性の無制限な適用への要請を支え、且つ実行可能にしたのが、数学的方法にほかならない。既知の範囲内で関数的に関係づけられた変量諸因子は、それ以外の場合にいかなる値をとるかが、数学的に計算され得るからである。また、この一義的全体化の傾向は、ただ単に量的な大きさに関してばかりでなく、構造の複雑さに関しても適用される。すなわち、自然はもとより、生物など、きわめて複雑なものに対しても、ある特定の系だけを抽出したり、単純な形にモデル化したりしておいて、それについて知られたことが組み合わされ複雑になったものが元の全体であり、それ以外の何物でもない、と話をもっていく説明の仕方である。(9) ここでもまた、現象の背後にある事物そのものの本質への問いは落とされるのである。

これら近代自然科学のもつ性格から明らかなように、超経験的な要素を排除して、経験に即して自然を把握しようとする。したがって、現象を超えた存在、すなわち感覚的に、特に視覚的に捉えることのできないものを観察および分析の対象とはしないのである。もっぱら自然の諸現象の間に成り立つ関係、しかもその特定の因子間の関係に話が絞られ、その裏面の実体の有無は問わず、超自然的な原理を自然現象の背後に考えないという態度である。こういった傾向は、近代自然科学の誕生に先立って、学問の不純化を避けるために、自然研究から神学を取り除いた事情からの当然の帰結であると言える。それまでの自然研究を担っていた自然哲学は、自然とは窮極的に全体として何であるかということを問題にした。そのような自然の本質的実体とは元来人間的経験を超えているために、観察および実験的方法によって探究することはできず、思弁によって行なわれるほかないのである。その思弁による古典的自然観では、調和と秩序をもった宇宙像のもとに、あらゆる事物は固有で一定の本質をもった実体として考えられ、個々の現象はその背後にある実体の本質または本性と関連づけられて説明された。

また、太古から自然の事物や現象に霊魂や根源的生命を想定したアニミズム的な自然観が支配的であった。自然を有機的な、生命を含む存在、すなわち、一つの生命体とみなし、その中に霊魂またはそれに類似した精神的な作用が働いていると考えた。このような超自然的で神秘的な実在を自然の背後に想定する生命的自然観は、あらゆる自然現象が一定の目的を実現するために生起しており、窮極的には神に向かって運動しているとする目的論的自然観や、自然の至るところに神の存在を認める汎神論に形を変えながらも、近代自然科学の成立以後も長らく自然に対する見方の主流であった。したがって、人類の出現から百万年単位の歳月の間、おそらく幾百億、幾千億の人々が自然の中に心や生命を感じつつ生きてきたことになる。それが稀薄になり始めてから、およそ二百年しか経過していない。そのきわめて長い時間、育まれてきた人間の自然に対する見方に転換をもたらしたのは、やはり近代自然科学の誕生であったと言えよう。その意味で近代自然科学は、ただ単にそれまでの知的伝承の延長線上にあるとするのは正確ではなく、そこには明らかに非連続性がある。存在しない目的を想定し、超自然的原理によって自然を解釈する生命的または目的論的自然観は、人間行為の意図性を自然に投影した擬人観にすぎないとして斥け、自然観の転換をはかる。そして、自然を無機的な物質の構成体とみなし、死物同然に取り扱うようになったのである。生物も同様で、人間も例外ではなく、それらは物質的連関によって成り立っており、その背後に特別の生命原理または心理的実体を認めない。人間の精神活動も物質的な身体の機能であるとされ、生体がどんなに複雑であっても、物質的諸要素だけから成る一種の機械にすぎないとする。このように人間にまで拡張される勢いで、物質的および機械論的自然観が台頭していった。

近代自然科学はもともと、思弁によって自然の窮極性を探究する自然哲学への反逆として開始された。したがって、それまでにあった自然の諸事物および諸現象に関する知識における初歩的な段階が、近代になって急速に発達したのだと解するのは正確ではない。そこには根本的な思考の転換があった。この点を強調したのが、H・バターフィールドの「科学革命」という考え方であって、自然研究から社会および文化の領域に至るまで、その性格と構造を全面的に変えていく革命的動向の出現であると規定された(10)。しかし、近代自然科学が登場した当初は、世間の誰もが受け入れられる自明の知見ではなく、奇妙で非合理きわまるものの考え方として受け取られた。したがって、その科学的合理性が世間的に常識化されてから、どんなに多く見積っても二百年しか経過していないにもかかわらず、人類史における思想的な一時代を画するにまで至ったのである。今日では、その科学的思考法が、人間生活の全体を律する決定的な役割を果たすようになったと言っても決して過言ではない。

現在、私たちが持っているものの見方の根底には、確かに自然科学的な世界観があり、周囲の事物を、自然科学が築き上げてきた知識を除いては眺めることができなくなっている。真偽の判断も実は、自然科学的に真か偽かということを考えているのである。これはもはや個人的嗜好の問題を超えて、それが他に優先する合理性を含むことが、無意識的に自明の理とされている。そこで、一つの社会において、知識の最前線を担っていると考えられている自然科学者という専門家が持つ知識および世界観が、研究者以外の一般の人々の間に緩やかではあるが、広く伝わっていく。そして専門家の獲得した知識を、一般人が自らの常識としていき、その世界観を構築していく。すると、そういった知識を取り込む以前と感覚的に異なった対応をするようになる。例えば、天動説から地動説への変換の後には、空を見上げたときに、従来のような感覚で星や月を見ることができなくなる。太陽を見るときも、その風景が従来とは違って見える。また、船上から水平線を見る場合、地球が丸いという知識により、その向こうが見えないことを了解する。さらに、生物を見るに際しても、解剖学的な知識から生体を物質としか感じない感覚が養われてしまっている。

このように、ある既成の知識が、知識としてだけに止まっておらず、人間のものの感じ方、感覚にいつとはなしに染み透る。そして、その影響は人々の世界観を感覚的に根底から変えていくのである。大森荘蔵の表現を使えば、これを知の構築とその呪縛という。(11) 現代人は自然科学の存在に慣れきっており、当たり前のものと感じているために、その自然科学的な世界観も当然のものとして無意識化している。これが呪縛ということであり、強制的にそのように感じるように感覚を統制されることである。

しかし筆者は、それは近代自然科学の思考態度に呪縛されているのだと考える。大森の見解とは違って、現代科学の達成した最新の知識が当該時代の社会的な常識として感覚化されているとは思わない。近代自然科学は、その成立当初は緩やかな広がりをみせたが、どうしたことかその伝播がひと度完了すると、非常に堅固な思考の枠組みとなって固まってしまったのである。例えば現代科学の代表例とされる相対性理論と量子力学は、近代自然科学の集大成と言われるニュートン力学における絶対空間と絶対時間の考え方や、厳密な因果律を否定する。相対性理論では、空間と時間がその観測主体の運動状態によって相対的となるという時空連続体の考え方を確立し、量子力学では、素粒子の不確定性原理、その位置と速度の正確で同時的な測定は不可能であることを証明した。これらは明らかに、古典力学における思考枠組みを根本から覆すものであった。しかし、現代社会において、人々の間のものの感じ方を左右する感覚にまで染みわたってはいない。

すでに十八世紀の中頃から近代自然科学の権威に揺さ振りをかける新しい理論の提唱が開始され、今世紀の初めにかけて、従来の考え方ではうまく取り扱えない新興の研究領域が次々と登場した。つまり、近代自然科学の思考枠組みに動揺が現われ始めてから久しいにもかかわれず、人類の到達した最新知識が一般化されずに、従来の段階に止まっているのである。トーマス・クーン(12)流に言えば、これまでにパラダイム変換による科学革命は人類史上二回経験したことになるが、最初の近代自然科学の成立が、あまりにも長きにわたった人間の思考枠組みを根本から転換したために、それが通常科学となって普遍化するや、その誤謬が第二の科学革命によって露わになっても、人間の感覚に沁み透って凝り固まってしまったのである。それは、次の認識論的考察の項目で明らかにされるが、私たちの日常生活における経験世界では、古典力学がりっぱに成り立っているし、私たちの目には現象としての自然は古典力学の見方のように映るために、その感覚化が頑強となったことと関係がある。しかし、近代自然科学がその科学理論を展開する上で、前提として必要とした哲学的な思考枠組みは、決して経験的に証明されたわけではなかった。例えば、ニュートン力学の前提である時空の絶対性、厳密な因果性の考え方は、単に一つの動かすべからざる信念体系にすぎなかった。そのような未証明の前提をかかえながら、近代自然科学は自己運動を展開したのである。そうした前提があるにもかかわらず、しかしその上に築かれていく知識の客観性に真理と存在の基準をおいたために、その描く世界像が唯一の窮極的な実在世界と信じられるようになった。すなわち、いわゆる近代自然科学における知識の客観性と世界の実在性とが同一視されるようになったのである。それは、誤った短絡的な推論であり、論禍となるが、すでに現代社会における思考枠組みの主流を成しており、これに合わぬ考え方は斥けられる。

しかし、近代自然科学の思考枠組みから外れているために荒唐無稽であると言えないのは、先の現代科学からの批判をみても明らかである。しかも、それればかりではなく、実は、近代自然科学の発達によって、例えばそれ以前のアニミズムから始まる生命的自然観が克服されきれたとは言えず、その思考枠組みに合わないから、誤りであるとは言えないのである。つまり、この世界の窮極的なあり方が、絶対生命によって創造されたとも、そうでないとも、また、絶対生命が汎神論的に自然界に具現されているとも、いないとも、近代自然科学の成果によって断言できたわけではない。前述のように、近代自然科学における方法論上の基本的なあり方は、物質および物質運動を現象的に問題にすることによって、この世界のすべてを理解しようとしたのであるから、そういった側面に関しては全部チェックできるかもしれないが、それを超えた何かがあるのか、ないのかを探ろうとしても、それは筋違いと言えよう。チェックする方法を原理的に欠いている。すなわち、その到達成果はあくまでも、自然のプロセスの分析および解明の結果だったのであって、窮極的な大局の世界観を根本的に左右するものではないのである。また、現代科学においても、それが近代自然科学の主題となった物質および物質運動の現象的側面の究明の方向を延長させることに終始するならば、科学の進歩によって解決できる問題の範囲は原理的に限定されてくる。物質的でない存在を物質的な手段によって捉えることはできず、そうした方法論の上に乗らない事柄を実証する方法を論理的に欠くことになる。

そこで、筆者が提案したいのは、近代自然科学的な問題処理の方法および考え方によって、私たちの世界観を二者択一的に即断すべきではなく、現代科学の発展の方向を見守ると同時に、すでに斥けられた従来の人間のものの感じ方を留保すべきではないかという見方である。ここで特に取り上げたいのは、生命的自然観の可能性についても留保すべきであるということである。自然の中に心や生命を感じつつ、過去の何百億、何千億という人々が生きてきたわけであるが、それを現代社会の私たちが直接受け入れて見習うというのではなく、根拠なく不当に斥けられた結果、見落とされたものを、少なくとも留保すべきではないかという考え方である。近代自然科学は、自然を死んだ自然と捉え、生命的な力の宿らない自然とみる物質的、機械論的な死物自然観を特徴としていることは先に述べた。動物や人間の生体も単なる物体、すなわち蛋白質や脂肪などの化学名をもった物質の集合体として眺めている。生命活動の根本を、ある蛋白質、アクティンとミヨシンの化学変化だとしている。これは物質の機械的変化になぞらえた生命の死物化である。近代自然科学的に生命の原理を追究していくと、物質の化学変化、エネルギー変換という機械論的な原理しか残らないが、だからといって、例えば人間の精神、心、魂が、ただ単にその物質的な構造のカラクリ、そのメカニズムの所産であると言いきってしまうわけにはいかない。なぜなら、そういった生体における機械装置とは別に、形而上的なものが、生体の外部からそのメカニズムに重なり合わさったというような可能性を考えようとするならば、それを近代自然科学の思考枠組みによって否定し去ることは、方法論的、原理的に不可能だからである。つまり、近代自然科学の誤謬は、自らの方法によってチェックできないものをも否定してしまったことにあり、越権行為にある。前記の心的要素が生体の物質的メカニズムのみの所産であると断言してしまったことも、自己の方法論による拡大解釈の誤りであり、その方法でもって捉えられないものを否定し去ってしまった越権行為である。これは自然界に対する見方についても言えることである。それは、人間の視覚的感覚に入らないもの、目に見えない存在は否定されやすいという傾向と関係しているために、近代自然科学のそういった死物自然観が一般の人々に受け入れられるや、その知識の感覚化が急速に進行していったのである。近代自然科学の実に短絡的な即断に振り回された結果だと言わざるを得ない。

ところが現代科学は、心霊問題にその研究領域を広めており、また、相対性理論などによって主体と客体の混在観も深められ、現代生態学の発展により生態循環システムの解明が進んだ。現段階で生命の本質や自然現象の背後の実在といった存在の有無について明らかにされたとはとても言えないが、少なくとも言えることは、近代自然科学的に骨の髄まで凝り固まった知識の感覚化を、相当程度和らげ得るということである。例えば、主体と客体の混在観は、近代自然科学における観察および行為対象とその生起または変化過程に関係をもつ行為主体とを分離する考え方を改めさせる。

私たちが普段外部から観察し、行為の対象として取り扱っている客体は、実際には同一世界の連関の中の存在であり、その世界とは他でもない私たちがその内部に生存している環境としての自然なのである。そして、その自然が生態循環という意味で、全体として一つの生きた有機体であることが今日ではますます明白になっている。また、心霊研究の成果は問わずとも、前述のように、根拠なく不当に斥けられた古典的な生命的自然観を留保することにすれば、自然の背後に存在するかもしれない根源的生命の可能性を完全に否定し去ってしまうことはできなくなる。もし、このような経緯を踏まえ、近代自然科学における偏見の呪縛から人々が解き放たれるならば、自然環境の破壊が相当程度緩和されるのではないだろうか。後述するように、自然環境の破壊にはもちろん他の経済的、社会的な諸要因がかかわっていることは間違いないが、こうした人間の認識上の問題もそれと深く関係している、少なくとも一つの大きな要因であるということを筆者は言いたいのである。また、当然、自然環境の破壊は人類の歴史と共に古く、人間が環境の変化に対応して道具を作り、それによって生活条件を改善していったことと同時に進行した。しかし近代以降は、近代自然科学の感化のもと、自然を物質的、機械論的にみることによって、そのすべてを人間自身の目的に合わせて操作するという技術的関心の支配下においてしまったことに強く押しきられる形で、人々が先の一連の偏見の呪縛の支配下に組み込まれるという質的な差異があり、したがって環境破壊の意味合いが異なってきた。従来の自然との一体感や畏敬の観念は、消え失せてしまったのである。

現代科学はそういった呪縛から抜け出そうとしているが、一般社会のレベルでは、近代自然科学の思考枠組みおよびその死物自然観が人々の骨の髄まで入り込み、その頑強な感覚化によって、生態循環の有機体自然も見えなくさせ、自然環境の破壊を容易にしており、未だ近代化指向に止まっていると言える。すなわち、近代自然科学による感化と近代化指向とは対応しているのである。過去の時代の歴史的および社会的な条件によって形成された特有の全般的な思考枠組みが、未だに現実的な時代精神として生きており、現代人の世界観および自然観を決定しているのである。近代の限定されたものの考え方が、これほどまでに深く現代社会の契機となっているのである。いくら日常的な経験世界が近代自然科学的に受け取られがちであるとしても、したがって現代科学の成果よりもそちらの世界観に陥りやすいとしても、知識の流動性を無視するわけにはいかない。人類到達の最新の英知を現実の生活実践に活かしていくのが、現代化志向の一つの意義深い側面である。それと同時に、近代自然科学の思考枠組みによって根拠なく不当にも斥けられた古典的な生命的自然観に対して、二者択一の切り捨ての姿勢をとらずに留保することにより、自然環境の徹底破壊はしにくくなるであろう。完全に肯定できなくとも、完全に否定し去らないことが肝要なのである。

近代自然科学が現象のみを追ったことは、形而上の実体の存在不存在を問う術が見当らないことから、仕方ないと言えば仕方ない。しかし、だからといって、物質的、機械論的世界観が固定化されるべきではない。それが、科学主義の論禍であり、越権行為だということになるのである。人間の認識の到達できないもの、感覚的所与によって捉えられない存在の、不可知的な可能性を留保すべきなのである。不可知論は、しばしば消極的な意味で受け取られる。しかし、筆者は、わからぬものを留保しつつ、積極的な現実に対する行為のあり方があり得るということを強調したいのである。つまり、不可知的な可能性の留保とは、知ることができないとして諦めてしまったり、根拠なき結論を短絡的に選択するのではなく、現時点で不可知なものは率直に認めつつ、結論を留保する中から、取るべき行動を見い出していく、という積極的な意味をもっている。近代の呪縛を解く現代科学の成果と、完全には否定しきれぬ古典的な生命的自然観の留保によって、これまでとは違った自然環境への対処の仕方が生まれ得るのである。さらに、この点を認識論的に次の項目で展開していきたい。

(2) 認識の立場と新たな自然環境への対処

近代以前には、多様な事物からなる世界の構造についての存在体系の中に、人間の意識の問題が位置づけられるのが常であったが、デカルト以来、人間各自の意識の側から出発し、諸事物の存在が知覚や判断の仕方の問題として取り扱われるようになった。これは、哲学的な思考全体の方向を転換させることとなり、そこにおける認識論の意義を高めた。すなわち、自ら努めて真理を探究していく内面的な働き、認識する者の能動的な作用者としての立場が確立された。

ところがその場合、客観的な事物と主観的な意識との間の関係について、両者は相互に全く独立した存在だとする二元論をデカルトが提唱したために、多くの批判が浴びせられてきた。すなわち、一方に科学的認識の対象として数量的に把握され得る幾何学的および運動論的な性質を備えた物質的世界があり、他方にそれとは独立に存在する実体として自律的意識およびそれに基づく知覚があるという二元論に対して、それらは互いに全く異質の存在領域を成すものではないとされ、どのように関係し合うのかが問題となってきたのである。

今日その有力な解釈として、山本信の提唱する相補的二元性の考え方が挙げられる。それは、デカルトに始まる二元論が、元来主観と客観という思考体制に根差しているために、収拾のつかない事態を内蔵しており、自律的意識と物質的世界がそれぞれ同じ平面上に並べて置かれるような関係ではなく、その一方が他方を呑み込み吸収してしまう必然性をもちながら、互いに他をまって成り立つという関係にあり、拮抗し合いながら平衡点はどこにもないという本質的な不安定さを内蔵している、とする。[13]このように、意識と物質という二つの異質の次元が相互に矛盾し排除し合っていながら、根のところで補完的に一つになっているという実態を、相補的二元性と名付けているのである。[14]しかし、これは人体における心身相関、すなわち、分離不可能な意識および物質が内在する完結的な一つの系としての生命体におけるその意識と物質の両者の関係については妥当する考え方ではあるが、生命体内部の関連を離れた世界一般における物質的世界と意識の領域の間の関係にまで拡大したり、その両者間の認識論的な思考方向の問題にまで当てはめることは無理がある。この点について、山本の議論には混同がみられる。

もちろん、世界を構成する二種類の材質のように、並存的に物質と意識とが存在するわけではなく、したがってデカルトの言うように、両者共にそれ自身で完結している、とは言えないであろう。その場合、こうした議論が常に立脚している、超越的存在者の作用の有無を考えに入れない立場に立っての話であるが、物質的世界の方は、意識の領域に還元され得るとは言いにくい。生命体内部では、意識の消滅によって、それと物質との相補的な系が崩壊するが、一般的な物質的世界は意識の有無にかかわらず、存続しているからである。それとは別に、意識の認識の遂行によって、物質的世界をその中に引き込んで対象化し、その存在規定を賦与することができる。

そういう意味で、デカルト以来の意識の側から出発して、その知覚や判断の仕方によって物質的世界を捉えるという姿勢から、意識の領域が物質を呑み込んでしまう、と言えるかもしれない。

しかし、これら「還元」と「呑み込み」の両過程は、存在論的な問題と認識論的な問題という別々の次元に属することから、したがって「互いに他をまって成り立つ関係にある」というのはおかしい。先に断ったこうした議論の現世的な立場に基づくと、意識は物質的存在に還元され得るが、その逆は成立せず、他方、意識から物質へと認識論的な思考方向は辿るが、その逆ではない。それらは、両者それぞれに一方的な関係にあるのであって、混同されてはならない。このように、デカルト的な全く独立した二者の存在と考える二元論も正統ではないが、相補的二元性の「相補的」ということも、生命体内部の意識と物質の相関を除いては、それへの批判的代案としては適当であるとは言えない。

ところで、これまで問題にしてきたデカルトに始まる二元論が、その後の人間の思考並びに行為にかかわるあらゆる活動領域に計り知れない影響を与えたことは、よく指摘されるとおりであるが、筆者は、正に山本が「相補的」という代案をもって、その問題点を批判したその点にこそ、デカルト的二元論の欠陥と積極性が混在していると考えている。

意識の領域と物質的世界をきっぱりと切り離すことによる、主観的要素を排除し尽くした客体に対峙する能動的な自律的意識としての主体、という思考枠組みの中に両義性が内包されている。それは事物間の存在連関から自我を取り出したことによる必然的な帰結であったと言える。そのような両義性が後世への多大な影響として、弊害となって現われたのが、前の項目でも触れた近代自然科学の前提となった死物自然観に基づく思考態度である。それは、物質の本来的性質は幾何学的および運動論的な性質であって、それ以外の性質は人間や動物などの知覚主体が感じるだけの感覚的性質にすぎない、としたことに始まる。すなわち、物質の空間的な形とその運動による時間的な変化のみが世界の有する本性であり、色、音、味、臭いおよび手触りなどは知覚主体の中にあるにすぎず、それと共に消え失せてしまう、という自然像を描き出した。世界をどこまでも客観的に描くためには、数量的規定など、どこまでも客観的な方法を取らざるを得ず、物質の最小単位まで想定していくと、形と運動はその段階まで残るが、その他の性質は掴みにくくなる。また、それらは実在するにしても、知覚主体の立場によって捉えられ方に変化があり、感覚的要素が強いことは確かであるために、落とされやすかったのであるが、その結果客観的な実在世界を間違った方向に把握し、死物自然観に結びつく基礎を作ってしまったことは、大変な誤りであると言わざるを得ない。しかし、筆者は、正にそのもととなったと言われる知覚因果説の認識方法の中に、人間が世界とどうかかわっているか、自然をどう見ているか、についての捉え方として、妥当な一面が備わっているという問題に着目していきたいのである。

知覚因果説では、人間の知覚できるのは、客観的な実在世界そのものではなく、それが原因となって感覚的所与にもたらされる主観的な結果にすぎない、とする。視覚を例にとると、外界にまず客観的に諸事物が存在し、それが網膜に映し出されて主観的な世界像となって私たちに認識される。実在世界はあくまでも人間の感覚の外に存在しており、そこには隔壁があるのであって、私たちの抱く諸事物の像は、さまざまな感覚的性質をもった不完全な世界なのである[15]。このような考え方には、もちろん誤った側面があり、その後多くの批判が寄せられる。よく知られているものに、バークレイの批判がある。それは、もし私たちの知覚する経験世界が主観的な印象であるならば、それによって客観的な真実の世界についての正しい知識に到達できないことになり、したがって懐疑論、不可知論に陥ってしまう[16]、というのである。そして、今日日本における認識論・論理学の最高権威の一人である大森荘蔵は、このバークレイの批判を正しいとした上で、そのような知覚因果説の要素を継承している現代科学が今や日進月歩で刻々と実在世界に迫りつつあるのは、到達できないものを現に捉え始めているという奇妙な矛盾があると指摘する。この矛盾に対する大森の答えは、これまで自然科学は一貫して、デカルト的な二元論的認識論、すなわち知覚因果説に立脚しているつもりでいながら、現実の科学者の認識行為はその枠組みの中には入っていなかったために、実在世界に迫り得たのだとする。つまり、知覚因果説のとる感覚像の世界からは、真実の世界に到達不可能であるとするバークレイの見解は正しいが、自然科学は実際にはその道を辿らなかったと言うのである[17]。

しかし、筆者はここで、特殊人間的存在のスケールによる認識の限界ということを持ち出してみたい。すなわち、デカルトもバークレイも、認識による対象把握の進め方を、人間的なスケールの範囲内、その段階に止めざるを得なかった時代的制約の中での問題の提起なのである。電子顕微鏡や電波望遠鏡などが出現すると共に、その後の自然科学の発達により、極微および極大の世界を、人間的な認識の限界を超えて、捉えることができるようになった。そこで、人間の主観的な感覚像の範囲を超えた客観的な実在の世界に迫ることができるようになったのである。したがって、大森の議論は、人間的存在のスケールでの認識の段階とそれを超越した認識の段階とを分けていない議論であり、現代科学の進歩が人間的スケールの超越による、ということを忘れている。現代科学はデカルト的な二元論的認識論をその一側面として継承したと思われるが、デカルトやバークレイの時代と異なっているのは、正にそこに技術革新があったということで、それが彼らの考え方を超えさせ、実在世界に迫らせているのである。しかし、それら新技術は人間的限界を超えて真実への認識を深めさせたが、やはりそれが人間の感覚器官の延長としての性格を備えているのと、その技術を使って実際に知覚するのがとりもなおさず人間の感覚器官であることから、現代科学で到達したそのさらに奥の本質や窮極的実在の有無については迫り得ていないのであり、このことが、知覚因果説が世界認識における考え方の一側面としての正しさを有していることを証明していると思われる。

ところが大森は、知覚因果説が拠って立つ感覚の欺きに着目して、それに批判を加える。遠くにある太陽や月が実際には大きいのに、小さく見えるのは視覚の欺きだとする、デカルトの提出した事例を挙げて、これは自ら勝手に一つの基準を作り上げているのであって、それに合わないから欺きだとするのは誤りであると言う[18]。事実、これは例がよくなく、実際には距離の問題であって、欺きではない。また、屋外の太陽光の下での色を標準においているから、異なった色に見える屋内での同じ事物の色を欺きとしているのだと言うが、デカルトの意味するところは、感覚的性質はすべて欺きだと言っているのである。現に彼は、胆汁で外界の事物がすべて黄ばんで見える黄疸を事例に挙げている(19)。

しかし、感覚が欺かれがちだと思うのは、私たちの誤解ではないかとして、大森は次のような提案をする。すなわち、目を開けば、そこに物が見えることをもって、私たちはそこに物があると思っているのであり、客観的な原因がまずあって主観的な結果を見ているのではなく、主観的な見え姿から客観的な存在へと認識経路を辿っている、と言う。日常生活で私たちは、見たとたんに、そこに物があると判断しているのであり、見るということが最初にあって、その空間的な場所を利用して、正にその物が存在する同じ場所に、私たちのその物について持っている知識を重ねて考えているのだと言うのである。これを「重ね描き」と称し、その機能を「脳通し」と呼んでいる。そして、その場合、知覚するのは、デカルトの言うような実在世界の感覚像ではなく、私たちは直接に世界と触れており、感覚像と実物というギャップはなく、密着しているとする。それが普段の常識であり、科学者としてそのように認識しており、誰も感覚的な像を見ているとは思っていないと主張する。そして、「脳通し」の考え方は素朴実在論の立場への回帰であって、人間が太古から行なってきた経験であるから、間違いないと大森は言いきるのである(20)。

しかし、そういった長年の誤った常識を覆すために、知覚因果説が提出されたのであって、現に、人間の見ているのが実在の世界そのものであるならば、同一人物でも体調によって同じ事物が違って見えたりする先の黄疸や近視の例は、どう説明されるのか。これは、世界そのものは変わらずとも、感覚像として受けとられ方が異なり得るということを物語っているのではないか。なるほど、デカルトは大森提案のうちの後者、すなわち既得知識に沿った状況を客観的事物について考えているという部分の必要性を見落としたが、前者の主観的な見え姿が感覚像でないとすれば、大森の言う視覚のメカニズムは成立しない。そして、その結果、私たちは実在世界を直に知覚し得るとする「脳通し」の命題は意味を成さなくなる。客観的事物の存在するちょうど同じその空間的な場所に「重ね描き」の作業をすると言うのであるが、それは対象から受け取った主観的な感覚像の上にその事物についてすでにもっている概念を重ねて、その事物を客観的に構成しているのだと考えるべきである。その経験的な知識によって構成されるという認識経過をデカルトは欠落させたため、知覚因果説は世界認識における一側面にしか妥当しないことは先に触れたが、その一側面が筆者には重要に思えるのである。

実際は、知覚による感覚像に既得知識による構成を重ねて、私たちは実在世界に接近しようとしているのであるが、構成の材料となる既得知識が先入観や科学的知識などの段階によって、さまざまな構成のレベルを形作っているために、感覚像が人間の世界認識に果たす役割が大きくなると言える。つまり、構成は学習を通してその能力が高まるために、不充分な構成しかできなかったり、場合によっては全く構成ができず、ただ単に感覚的性質をもった不完全な実在世界の写しが網膜に飛び込んでいるだけとなる。また、見ようと意図した対象事物以外の周囲の風景や意識的に見ようとしない場合のわけのわからぬ雑然とした風景らしきものは、外界の客観的存在がまずあって、それが無造作に映し出されていることを物語っている。音についても、聞こうとしなければ、客観的には規則的な音でもただ単に何か雑音として耳に届くだけである。大森の主張するように、デカルトの言う感覚像が実物の写しでも何でもなく、実物そのものであるとしたら、そうはならない。正に、真に実在的な世界は私たちの主観的な感覚の外に存在しているのであって、その写しにさまざまなレベルで構成を加えているのである。したがって当然、未知な客観的事物については認識不可能となる。

また、大森は、感覚的性質を帯びる感覚像の意味を見落としていると同時に、構成における多段階の存在意義を見い出していない。ここで言う構成とは、カントの言うようなアプリオリな判断形式に基づくのではなく、経験的な知識によって規定されたカテゴリーが慣習化したものである。したがって、人間は感覚像に慣習化された構成を行なっているのである。そして私たちは普段、未だに近代自然科学的な知識によって定義しながら、客観的事物を構成する段階に止まっているのではないだろうか。あるいは、甚だしい場合には、デカルト的認識論のただ単に主観的な感覚像の範囲内に止まっていることさえある。実在世界により接近した構成を行なうには、最新の知識による積極的な描写が必要であり、そのための学習および主体性を怠るならば、感覚的性質に彩られた感覚像に止まらざるを得ないからである。そこに、デカルト的認識論の、認識論的な一面の妥当性の具備に由来した、現代社会においてもなお意味をもつゆえんがある。人々の世界とのかかわり方の趨勢を捉える的確な一面を有している。このように、客観的な実在世界に対する認識は、あくまでも、認識主体のあり方、構成レベルの相違によって、原初的な感覚像から科学の到達水準までといったように、その把握のされ方が大きく異なってくるのである。これは、相対性理論や量子理論などの現代科学の達成水準からも明らかになったことである。すなわち、今日人類は電子顕微鏡や電波望遠鏡の世界をもつことができるようになったのであるが、もしかりに私たち人間が本来、そのようなミクロの世界に入り込めるスケールの存在であるなら、現在私たちが日常眺めたり、さわったりしている物体はすべて、そのように見えたり触れられたりはできずに、素粒子の運動として見えたり触れたりすることになって、実在世界の姿はガラッと違った世界となるであろう。また私たち人間が本来天体大のスケールの存在で、マクロの世界を往来しているとしたら、現在私たちが日常眺めたり、さわったりしている物体は、ないも同然、その存在すらもわからなくなるほどに、実在世界の姿が、これまた先程とは別の方向に、違った世界となってしまう。このように客観的な実在世界は主体のあり方によって、全く違って認識されるのである。私たちの知覚を含めて、意識の領域の外に存在している物質的世界は、存在論的に客観的に唯一の存在形態をとっているはずである。すなわち、知覚による認識がある物体のどの側面を捉えようとも、その物体は相変わらずあくまでもその全き姿において存在しているのである。それが、特殊人間的な存在スケールのレベルから、極微および極大の両方向に向けて認識レベルを拡大することによって、客観的に唯一の存在形態をとる物体がさまざまに構成されるのである。

したがって、デカルトの時代は、ただ単に人間的な存在スケールのレベルでの構成を行なっていたというのが正しく、感覚器官を通して主観的に感じとった感覚像をもっていきなり、現実への判断に結びつけようとするデカルトの考え方は誤りであるが、大森の言うような、その物体が存在する空間的な場所に、その場所を利用して構成を重ねているだけではなく、感覚的性質をもった感覚像の上に既得知識による構成を重ねて、その不完全さを埋め合わせて対象事物を認識しようとしているのである。大森の見解のように、私たちの見ている物体が感覚像でなく、直に実在世界を見ているのだと言うのは、人間の感覚像にはその物体のミクロレベルの構造は映らないという人間的な存在スケールのレベルでの認識ということを見落としているからである。なぜなら、もしそうであるなら、対象物体の存在形態を、ミクロからマクロに至るさまざまな構成段階において一時《いちどき》に、一遍に把握することになり、すなわち隙間のある格子構造の状態から私たちが現に見ているベッタリした物的状態までを空間的に同時に見ていることになり、その直ちに実在世界を見るという視覚のメカニズムは成り立たないことになる。

また、嗅覚の例をとって言えば、客観的な物質は本来それなりの臭いのもととなるような性質を備えているようだが、私たちの感じる臭いと一致しているとは限らない。あるいは、臭いは完全に人間の嗅覚が作り出した感覚的性質であるとすれば、なおさら私たちの感じる臭いと現実とは一致しないことになるが。一つ例を挙げると、土壌中の微生物の死体にも悪臭はあるだろうが、私たちには臭わない。もし人間が微生物大のスケールの存在ならば、その臭いは犬の死体と同様に臭うであろう。したがって、私たちの嗅覚に臭っている臭いも、人間的スケールの存在における主観的感覚を通した臭いなのである。

このように、デカルトが視覚以外の知覚が捉える感覚的性質を、ただ単に私たちが主観的に感じるだけの性質でしかないとし、死物自然観に導いたのは誤りであるが、人間的存在スケールのレベルでは、感覚的世界像がその世界認識の基礎にあるとしたのは、これまで述べてきたように認識論的な妥当性がある。その上に私たちは、さまざまなレベルの構成を行なっているのであるが、そのレベルをしだいに詳細な方向にもっていくことはできるが、真に実在的な世界の実体はやはり隠れているのである。それでも現代科学は実在世界に迫ろうと日夜努力を続けているが、完全には捉えきれてはおらず、ましてや私たちは日常生活の中で人間的存在スケールの認識レベルに止まりがちである。前の項目でも述べたように特に、近代自然科学が捉えた現象としての自然が物質的および機械論的であるために、実在世界もそのようであると考えがちである。しかも、現代科学の到達成果がそれを修正しつつあるにもかかわらず、人間の感覚像となる現象としての自然が機械論的であるということは依然として変わったわけではなく、感覚器官をもって現に生活を送って認識活動を行なっている私たちには、そのような現象以外の自然はなかなか把握しにくいことは否めない。そして、そうした中で世界観あるいは自然観を作り上げているのである。それは正に、近代自然科学によって固定された人間的存在スケールの限界内での印象的な認識なのである。

したがって、私たちのなすべきことは、現代科学による超人間的存在スケールでの構成の慣習化に到達することである。それでも実在世界の実体把握には届かぬが、これまでの限界はかなり緩和されることになる。このように、人間の知覚による認識には、どうしても不可知性は残るが、それはもとよりの現実である。少なくとも今日の歴史的段階では、真の実体はベールに包まれているのが現状であるが、問題はそうした不可知性の中から、それをもとにして、いかに積極性を呼び起こすかである。すでに述べた古典的な生命的自然観の不可知的な可能性を留保するということがそれに当たり、それによって現在最大限に適切な行為のあり方が定まっていく基礎ができ上がる。鶴見和子の提唱する「あいまい領域の成立を認めよう[21]」とは、正にそのことを指している。これは、普遍化した思考枠組みから拒否されるあいまい性の意義を見出そうとする妥当な姿勢である。しかるに、現代社会では、古典的な生命的自然観の意味する世界における根源的生命の存在は、本来あいまい性を有しているにもかかわらず、それを合理的な理由もなく否定し、近代自然科学のもつ物質的および機械論的な自然観の拠って立つ根拠のあいまい性の方は問い詰めずに留保し、絶対視してしまっている。これは現代人の誤った選択である。死物自然観から生命的自然観を「迷信」だと思い込む迷信を捨て去ると同時に、現代科学の到達成果による超人間的存在スケールでの認識構成の日常化を達成し、そこに付け加えるべきである。

それによって、私たちの自然環境の捉え方を、経験的にはわからぬ不完全な感覚像の上に、生態系の循環システムという自然の生きた側面を重ねて、正当にして詳細に構成していくことができるのである。このような構成による認識能力の向上は、絶えざる学習によって努力を積み重ねていくことを要求されるが、それが全人的な傾向となり、且つ生命的自然観が正当にも留保されることになれば、自然環境の破壊は今日の現状より相当程度緩和されることは間違いないであろう。

2　社会的意識と歴史進行の特質

(1)　社会的意識にみる環境破壊の深因

近代自然科学的な因果律および時空概念によって、周囲の世界が認識構成されるのが現代社会の趨勢だと、前節で述べた。アルフレッド・シュッツのリアリティ構成論に即して言えば、それは間主観的な現実としての生活世界である[22]。すなわち、人間的な存在スケールを超えた微視および巨視世界が別様に見えることを、現代科学が明らかにし、実在世界に接近したにもかかわらず、それは一部の「主観」の中に止まっており、やはり多くの主観によって支えられ、日常生活で当然の現実だと考えられている世界に、人々は生きている。もちろん、世界が認識構成されるのだとしたら、人々がそれぞれに、現実とみなす世界を変更し得るのだが、他の多くの主観によって共有され、社会的な相互作用に支えられている間主観的な現実が社会的現実として、一人ひとりの主観を超えた存在となりがちであり、外在的な拘束性をもった生活世界を形作るのである。そして、私たちが近代自然科学の思考枠組みによって世界を認識し構成することが、間主観的な現実として外在的な拘束性を帯びて、環境破壊をもたらしめる一大深因であるということを述べてきた。

ところで、社会的弊害を招来する深因としては、これとは別のもう一つの側面を考えなければならない。すなわち、そうした認識構成による生活世界の中で、やはり多くの主観によって共有されて外在的な拘束性をもつ社会的現実という意味で、それと重なり合うのであるが、人々がどのように行為するかという、文化的要素を含んだ社会的意識といったものを考えてみなければならない。その意味をはっきりさせるためには、パーソンズの行為論が参考になる。[23] それによると、人間個人にそのアイデンティティを与えるのは、文化に由来し社会の中で共有される制度化した価値や規範である。文化的要素に規定され、社会性をもつ価値観が人々の行動を規制し、社会を成立させ、統合するという「制御の階統関係」の考え方は、認識構成される間主観的な現実としての生活世界において人間が行為する場合、妥当な側面を有すると筆者は考える。しかし、パーソンズは制御要因としてエゴイスティックな生理的欲求や私的関心を排除したのであるが、文化的要素が自己中心的な欲望を含んだ形で、社会を方向づける価値観となって、人々の行動を制御するからこそ、社会を存続維持させるという統合的作用を発揮し得ると同時に、ダーレンドルフのパーソンズ批判[24]にみられるような、闘争や運動などの社会のダイナミズムも生じ得るという逆説を見落としてはならない。そして、ここで注目したいのは、そうした社会的な統合および競合の両作用を引き起こす、文化に根差し内面化した集合意識ないしは価値体系が、社会的意識としていかに社会的弊害をもたらす深因となっているかである。

西欧近代の追い求めたものは、大まかに言えば、社会的な平等および物質的な富裕であった。この両者は互いに補完し合いながら、その実現の度合を高めていった。伝統的、宗教的な価値序列の中で、一方に封建的な圧政と生活の困窮や人格の抑圧などの理由からそれに反抗する人々があり、そうした時代背景のもとに、他方で科学的な思考態度の高まりとその成果として自然支配の技術性をもった近代自然科学の体系化があって、「近代」という時代が作り上げられたのである。宗教的権威が封建政体と癒着していただけに、政治批判と伴って人々の宗教的な価値規範からの離脱が進み、人間の自然発露的な欲求が追い求められていった。そうした自然的価値の主張は、近代自然科学が始め、宗教的エートスによって勢いづけられながらも、しだいに自然現象を解明していくにつれて、その成果および科学的な思考態度と結びついていく。そして近代自然科学が着実にその実力を強化していくにしたがって、人間の理性に対する天賦的な信頼感が育っていき、宗教的権威および封建政体における人間本性抑圧からの自己解放の可能性とあいまって、人間に対する強い肯定と賛美の感情が現われてくる。それまでの有限で無力な被造物としての人間という観念は薄らぎ、人間の能力は無限であって、何事も積極的に試みさえすれば、よりよき状態に到達し得るという進歩への確信が生まれる。人間の歴史は、より完全な状態に向かって人間の自由をしだいに実現していく、進歩の過程だとみる。そしてその自由の内容は、とりあえず社会的平等と物質的富裕の上に設定されたのである。また、自由実現の出発点は、伝統的秩序の維持を担った道徳的、倫理的な人格にあるのではなく、誰もが幸福あるいは快楽を欲しがるような、欲望的な存在としての人間の承認にあるとされた。すなわち、人格の解放の名のもとに、欲望の充足を目指す人間の権利が認められていったのである。

特に富・財貨への欲望が人々を駆り立て、通商貿易を盛んにして貨幣経済を発展させ、しだいに富が蓄積されて資本主義の発生を促した。伝統的権威の束縛から離れて、潜在的能力および受福の権利において平等とみられた人々が、自由競争を通じてより多くの利潤を獲得すべく営利活動に専心し、またそのより効率的な手段が追求されていった。その結果、所与の目的の実現に向けて、組織原理、材料調達、技術内容などすべてにわたって、最も合理的な方法を採用する目的合理的な経営方式が出現する。折からの物事をすべて法則的に判断する科学的な思考態度の高まりと、自然力および道具から機械への転換が図られた技術の発達の影響下に、計算性、予測可能性、能率性といった機能的側面がいっそう強調されるようになる。それは、人間本性に根差す計算づくですべての行動を決定しようとする態度に基づくことから、誰をも納得させる傾向をもつために普遍化しやすい。しかし、それはまた、人間に内在するさまざまな志向性のうちの一側面の極大化であり、技術主義に陥ってオートマチックな展開をみせやすいことも忘れてはならない。そして、そのオートマチックな要素に乗せられて、利殖行為が自己運動を展開していき、それを促す飽くことなく利益をむさぼる貪欲や実直な物質主義が、人格解放がもたらす個人主義によって正当化されていく。

したがって、そこに残るのは自己中心主義である。自己中心主義は、最大利潤の獲得のために最も適合する目的合理的な手段が生み出す複次的な結果が、社会的弊害を招くか否かは考慮に入れない。欲望的な存在としての人間たちが個々に行なう営利活動ではあっても、その利己心に従って利殖目的の達成手段における機能的合理性を一方的に追求することによって、それが社会全体に流布して一つのシステムとなって社会の統合作用を発揮するのであるが、そのゆえに社会的弊害もシステマティックなものとなっていく。社会的弊害の中でも環境破壊にとって重要な意味をもつのは、「機能的合理性の一方的な追求」がとりわけ技術革新と結合することである。技術は、それ自身の内在性によって絶えず革新を繰り返す一方、すべてにわたって最大効率を求める経営形態からの要求に従って革新されるという両面がある。そして技術がシステマティックな性格を有するため、組織原理や材料調達の手段などにおける機能的合理性の一方的な追求と連動すると産業構造の転換がもたらされ、社会全体にわたって環境破壊も構造的なものとなっていくのである。

これはまた、その技術内容が、富の永続的な拡大増殖に合致した無機的な資源を取扱う側面が、選択的に発達させられたことが拍車をかける。まず、動力源を例に挙げると、水力、風力、畜力などの自然エネルギーから、蒸気機関の出現によって石炭、石油という無機エネルギーに転換され、今日の原子力につながる。そこから二酸化炭素、硫黄酸化物、窒素酸化物などが排出される。羊毛、綿花などの有機的な素材も主に石油を利用した化学的な素材に変わり、それら織布の漂白剤および染料として、従来の発酵牛乳や植物に代わって、硫酸などの化学物質が使用されるようになる。硫酸は酸性度が強いので、鉛の製造室で硫黄と硝石を化合させて作るために、製造過程で鉛や硫黄酸化物が排出される。工業化の基礎素材として重要な鉄鋼を例に挙げると、当初の木炭製鉄が森林資源の不足により、石炭製鉄に変わるが、石炭は窒素、硫黄などの不純物を多く含有するため、それを抜きとってコークス燃料を作る必要があり、その過程でも窒素酸化物、硫黄酸化物などが排出される。そしてコークスによる精錬では用途が限定される銑鉄しかできないので、カーボンをとばしてスチールにするためには、カーボン廃気が排出される。こういった無機的な資源は人工化しやすいことから、拡大再生産に乗せやすく、大量供給時代に適した技術内容の形成を促進した。最も効率的な利殖の拡大を図る経営形態が待ち望んだ技術内容であり、それが組織原理や材料調達の手段などと共にこぞって採用されたことから、社会全体に行きわたって、不可逆的なネットワークの形成に伴う機能的合理性の体系的連関性を形作ってしまったと同時に、無機的資源の使用量も際限なく肥大化することによって、環境破壊の増幅の必然性を構築してしまった。富・財貨の永続的な拡大増殖に比例して、破壊・汚染の永続的な拡大昂進をもたらすレールはこのようにして敷かれたのである。それは、正にベーゲルの言う「欲望の体系」が噴き出した腐朽にほかならない[25]。個々人相互の欲望が依存し合いながら、弊害もまた相互の身に受け合っているのである。

人間の文化は近代以降特に、欲望と合致しやすい機能的合理性を一方的に強調拡大する合理化の過程を突っ走ってしまったのだと言える。社会的弊害を考えるときの基本となる「善を行なう」心性など他の志向性の文化に占める意味および価値をなおざりにした上で、人間における欲望の側面を、一方的に自己拡大運動を展開する機能的合理性に乗せて突っ走ってしまったのが、近代の目立つ特徴である。社会的平等の追求に際しても、その平等性の基準を、封建的圧政が道徳・倫理性を自己擁護の道具としていただけに、「善を行なう」心性としての人間各人の潜在力を問うことなく、誰もが知識を得る理性と幸福になる権利において同等の資格を有するということにおいたために、欲望と合致した機能的合理性を模索する能力が不当にも偏重されるようになったのである。人間解放を標語として自由にされた人格は、生存維持の欲求から本来的に、「善行」への志向を落として機能的合理性の模索に赴きがちであって、結局は自己をいかに効率的に充足させるかという自己中心主義に行き着く。ここに至っては、人格の自由は放縦放埒への転落過程を辿るが、すでにがっちりと仕組まれた機能的合理性における体系的連関性に支えられ、とりあえず社会は存続維持されながら、物質的富裕に漸進した。しかし、「善行」志向心性より効率指向能力の伸長を助けた社会的平等への願望は、端的には物質的分け前をめぐる権利保全が中心を成すため、その前提としての物質的富裕と引き換えに社会的弊害の代価を支払わされることとなったのである。社会的平等と物質的富裕とは正に寄り添っているのであり、それによって文化における価値内容の極端な単純化が進んで社会の病理、時代の退廃の道に引き込まれていくのだが、そのような文化的要素を私たちは幸か不幸かすでに身に負ってしまったことは否めない。

本節の冒頭において、近代自然科学的な思考枠組みによって認識構成され、日常生活で当然の現実だと考えられている世界に、人々は生きており、それが多くの主観によって支えられた間主観的な現実としての生活世界であることを述べた。そうした生活世界に、これまでみてきたような、「善行」志向心性を落として機能的合理性を一方的に強調することによって、社会的平等と物質的富裕とを寄り添わせた文化の進展の中にも人々が生きているという社会的現実を重ね合わせることができる。現に私たちは、そういった文化的要素を背景にもつ功利的個人主義とも言える自己中心主義が、無意識のうちに周囲の雰囲気となっている社会的現実の中に日々を送っている。そうした自己中心主義の雰囲気は、多くの主観によって共有されている社会的意識と言うことができ、社会的相互作用を通して外在的な拘束性をもってくる。つまり、誰もがそのように行為するし、またそのように行為せざるを得なくなっているのである。そういう意味で、そうした社会的意識も、間主観的な現実としての生活世界におけるもう一つの側面を構成していると言える。それが人々をして、目的として設定したことの結果のみを考えるように仕向け、他の人々の存在や後世の子孫の生存を考慮に入れない利己心に徹した環境破壊を招来せしめるのである。

最近の生態学者や経済学者の間でも、この種の議論はごく簡単に、しかも不充分にしかなされていないが、環境破壊の背景となる社会的意識については、おしなべてやはり現存社会における構成員の自己中心主義に由来すると結論づけられている。現存社会が利己的利益から計算される福祉を増強することによって環境破壊をもたらし、未来世代のための資源や環境の保全には関心を払っていないとされる。したがって、功利的要求を非合理的とみなす哲学によって、何か異質のレベルの合理性に立って、利己的利益を擁護せずに、現存社会の福祉の犠牲に立脚した環境対策を、未来世代の利益のために講じるべきだと主張されているのである(26)。環境破壊をもたらす社会的意識は、これまで明らかにしてきたように、自己中心主義的な文化的要素を担っていることに間違ないが、これまでの議論は自己中心主義のうちの自己充足性に基づく環境の破壊という視点を出ていない。近代の環境破壊を考える場合には、そういった自己充足性の側面に着目すればいいのだが、これだけでは、現代の環境破壊の背景となっている社会的意識に関しては一面的な把握となり、まだその深相を充分に探り出したことにはならない。そこで、環境破壊を招来する社会的意識の変容を考えてみなければならない。もしくは、これまでみてきた社会的意識の側面にその別の側面を付け加えなければ、現代の環境破壊の背景は説明がつかないと筆者は考えているのである。その別の側面とは、社会的意識としての自己中心主義のうちの自己破壊性の側面である。

最大利益の獲得をめざす営利活動の展開に伴って、その所与の目的を最も効率的に実現する技術内容が選択的に発展させられ、それが組織原理や材料調達の手段などと共にこぞって採用されることから、社会全体に行きわたって不可逆的なネットワークを形成していき、その機能的合理性の体系的連関性を形作ってしまうことはすでに述べた。それは官僚制化された機械化の社会全体への流布であり、当初その効率性を自ら選びとった営利活動も逆にそうした社会機構の中に組み込まれ、機構自体の論理に従って活動せざるを得なくなってくる。しかし、そうした機構は、先に触れた技術内容や組織原理などによりオートマチックな要素を内包していると共に、人々によってそれが進歩だと信じられてきた物質的富裕の達成への願望に支えられて、そこにおける、その進歩の理想に接近する乗物となる機能的合理性が、自立化した必然的なダイナミズムを展開していくようになり、しだいに巨大な生産組織および経済秩序ができ上がってきたのである。したがって、人間の側がそれを進歩とみなす動機づけを行なって、物質的富裕を不断に生み出すメカニズムを作り出している側面も見落としてはならない。こうした二面性によって、すなわち機構がそれ自体でもつようになるオートマチックな要素と人々がそれに自らの願望を託す欲望追求の側面とによって、そこにおける機能的合理性が徹底的に貫徹されていき、社会全体にわたって体系的連関性を形成するのである。

マンハイムによれば、そうした体系的連関性は、そこに組み込まれる人々を支配しそのあり方を決定しようとするが、人間性の全体は制御しきれずに非合理的な情念となって現われる部分があって、衝動的に行動する人々が多出する。(27)と同時に、欲望追求の側面が捨て去られたわけではないから、物質的富裕における飽和水準への拘泥によって、微小な欲望の未充足についても欲求不満に陥るような人々が多出する、と筆者は考える。こうした中で、個人的の心理要因に帰するよりは、より多く社会的含意のある自己破壊性が顕著となってきたのである。

そういう傾向を「社会的事実」として、いち早く明らかにしたのが、デュルケームによる自殺の実証研究であった。それによると、人々がなんら道徳的状況になく、単に利害関心のみによって共同し、欲望の規制を受けないアノミーおよびエゴイズムによる自殺が、近代末期には他の時代と異なって特徴的である。自殺率は商工業の発達した都市や物質的な富裕地域に高く、貧しい職人階層よりは豊かな経営者の階層に自殺者が多い。しかも不況時よりは好況時の方が自殺率が増加する、という統計データが示されている。これは功利的な個人主義による道徳的退廃現象であり、共同体の集合感情を冒瀆する犯罪と共に、精神的貧困の現われであって、デカダンスであると結論づけられている。(28)現代への移行過程としての十九世紀末に出現した自己破壊性の性格が、実証的に表現されている。

　二十世紀に入って、かねてから人類の進歩として追求されてきた社会的平等の効果が物質的富裕への漸進とあいまって、人々の平均化性向が現われ始める。人工化しやすい資源を扱った技術内容の発達によって、社会的平等を勝ち取りつつあった人々が巨大なマーケットに見立てられ、不特定多数者を当て込んで見込み生産を行なう量産システムが確立していく。そこでは、画一的な規格品が安価で大量に生産されるために、その供給を受けて大量に消費する平均化性向をもつ人々を必要とすると共に、またそういう人々を輩出する増幅的な循環現象がみられ、普遍化しやすい傾向をもった。一方において物質的な格差が減少していき、他方において人々の政治的な社会参加もしだいに実現されていく中で、従来からの趨勢である快楽や快適などの自然的価値の主張がいっそう大胆に行なわれ、人間本性に根差した自然発露的な欲望がいっそう強調されるようになる。逆に、「善行」や節約などの伝統的価値は失墜して、行為の目標とはされなくなり、人間本性における欲望的側面の満悦以外の価値を求めて、自らの努力で「自己の向上」を勝ち取っていこうとする傾向は薄れ、社会の大勢と合わなくなってくる。また、物質の流通に伴って大量の情報が外から与えられるようになり、自分の力で主体的に思考し判断していこうとする傾向も薄れ、感覚的な刺激の中に身を委ねるようになって、パーソナリティのもつ意味が減退してきている。したがって、価値判断能力も衰退して価値の多様化を促し、多様化した商品群やサービス、そして行動様式を生み出したが、実直な物質主義や金銭崇拝はますます一様化して、マネー・ゲームがはびこってきた。そして、絶えず新奇な商品やサービスが供給され、人々の欲望を幻惑し続けるのであるが、どれもやはり物質的な価値としての一様性を有するのみであって、かえって欲望形成能力の減退をもたらすほどである。しかし、欲望が混沌として渦巻く迷路のような社会風気の中で、伝統的価値の核心に自らを帰することはできず、または知らずに、不快の虜としての情念が再び台頭し、新たな感覚的刺激を求めて、今度は退廃の虜となっていくのである。暴力や麻薬、変態情欲やオカルティズムがその現象である。すなわち、欲望を律する内面的規範が危なくなり、従来の自己中心主義における自己充足性が瓦解し始め、自己破壊性が頭をもたげる。これは、気まぐれに浮動する欲望に振りまわされ、自己の一貫性を保ち得ないような、コーンハウザーの示した自己疎外的ないしは自己喪失的な人間像の段階ではもはやない。自分の血肉をも啄んで、快楽の餌としようとする快楽主義の極致である。

もちろん、現に生命をもって生存している人間としては、その自己中心主義は多重構造を示す。すなわち、自己充足的であったり、自己破壊的であったりする。したがって、ごく平凡で通常の日常生活を送っている私たちにも、自己破壊性の要素が随所にみられる。一見正常な生活態度と思われる微小な自己破壊となる行為が、自己充足的な傾向と共に一大原因となって、社会の各所で病理現象を噴出させていることが、懐疑されないのが問題なのである。自分のためにも健康を回復させなければいけない入院中の患者が、相も変わらずのヘビー・スモーカーぶりを発揮しているのをよく見かける。その他、身を削ってまでレジャーを追いかけ、ネオン街にスキャンダルを楽しむために体を磨耗するのが日常茶飯事となっている。

こうした傾向が社会的弊害とどうして無関係であり得ようか。環境破壊の原因も正に、それとのかかわりでもってより充分に説明がつくのである。もちろん、自己破壊的な行為に走る場合、少々壊れてもかまわないとしながらも、自分が壊されてしまうことを完全に潔しとする意識は自殺を除いては稀であり、一般的には、そう簡単には壊れないし、壊れても簡単に修復できると踏んでかかる自信めいた意識がその前提にはある。

自分に対しても自己破壊性が発揮されるほどであるからということと、知識の普及とその受動的吸収によって、前節で述べた、近代自然科学的な思考枠組みが人々の骨の髄まで浸透して感覚化してしまったために、因果律および時空概念などいわゆる自然の絶対不変性が自然環境の壊れない頑強さとして過信されることとあいまって、破壊行為に結びついていくのである。これは、人間関係において他者に接する場合と似ている。率直に自省するならば、私たちは、自分以外の他者に対してちょっと酷使しても大丈夫だろうと、相手の身体があたかも不滅であるかのように絶対視している、と認められよう。それは、行為者にとって気が付かぬという無意識的な絶対視ではあるが、無責任な迷信の鵜呑みであり、誤解である。自分自身に対しても、やや程度は軽いが同じことを行なっている。ただし、異なるところは、他者の絶対不変性への過信の中には、その他者を利用する自分のための自己充足性が働いている。

自然環境に対しても、私たちは同様に行為している。つまり、自分自身を破壊に導く場合は、自殺行為にその典型をみるが、通常でも少々壊れてもかまわないとして積極的に引き込まれていく自己破壊性と、まさかそう簡単には壊れないし、少々壊れてもそんなに壊れぬから簡単に修復が利くと考える、単純な絶対不変性への過信との二者が作用している。しかし、自然環境を破壊する場合には、それらに加えて、自然環境を利用する行為者自身のための自己充足性が作用を及ぼす。三者が混合して、環境破壊行為は進行するのである。これが、現代の環境破壊を招来する、社会的意識としての自己中心主義の構造的把握である。

前節において、デカルト的な認識論の適切な一面について述べたが、その知覚因果説では、認識主体の知覚の仕方によって外界の事物のあり方が語られた。その場合、主体的な意識が事物間の存在連関からいったん切り離されなければならない。その思考上の作業がデカルトの「方法的懐疑」であるが、すべての疑い得る不確実なものを排除していった末に、「私の存在」が唯一の確実性として認められたのである。すなわち、「自我」が、たとえ神であろうが他のあらゆる存在よりも、確実性の根拠におかれたのである。それまで有限な被造物にすぎず、さして取るに足らないとみなされた一人ひとりの人間が、それ自身で価値をもつことになり、折からの人間の復権を求める傾向と合わさっていく。ここでもう一つ考えなければならないデカルトの影響力は、その物質的、機械論的な自然観が人間以外の生物にまで拡張され、それらを自動機械だとしたのに対して、人間には精神があるために、単なる肉体や物質よりも絶対的な優越性をもつとする人間観である。[31] これは、人間はそれ自体として価値をもち、広く人間的な要素を無条件に肯定していこうとする、芽生え始めたばかりのヒューマニズムの思想的根拠となっていく。そして、人間以外の存在を評価するときの基準となっていき、人間だけを中心に据えた人間中心主義につながっていった。

加えて、ラ・メトリーによって主張された人間機械論が重要な意味をもつ。精神も物質である肉体に完全に条件づけられており、意識は身体の一つの機能にすぎないとして、明確な唯物論が打ち出された[32]。この命題はすべての唯物論者の受け継ぐところとなり、フォイエルバッハに至って完結される。人間には類的本性があり、それを自ら外において崇拝したのが神である。しかし、血肉をもつ現実的な人間こそが主体であって、精神や意識は脳髄の随伴現象にほかならない、と強調された[33]。

これら一連の近代の人間をめぐる見方が、現代の人間観および世界観、そして人々の行動様式の重大な契機となり、自己充足性と自己破壊性を備えた社会的意識としての自己中心主義の形成を促すのである。個々人によってその「自我」が世界の中心に据えられることで、人間の絶対的な優越性を唱える人間中心主義が、自己中心主義の自己充足性を強く帯びるようになる。それが、F・ベーコンの「知は力なり」論[34]に代表されるような、自然から現象的な法則を取り出し、それを利用して逆に自然を改造してこそ有効な知識だとする実用主義的な態度と結びついて、当初、近代における自然環境の破壊は進んでいった。そこには二つの人間の傲慢があった。人間の権利回復の提唱から出発したものが自己充足性を帯びるようになり、人間以外の存在を評価するときとられる人間の絶対的な優越性を主張する傲慢と、人間以外の存在を人間の技術的な関心の支配下におこうとする姿勢が、自分の目的に合わせて操作し得る技術手段が手中にあると過信するところまで強化された傲慢である。そのもとでは、自然も他の動植物も、何らの権利も人間からは認められなくなってしまった。

また、社会的な桎梏と化して封建政体を擁護した旧来の観念体系を無効にすることから出発した唯物論が、人間をも物質的に考察する基礎を作り上げ、人間性軽視の先駆けとなった。さらに、実験科学が人間をもその研究対象とするに至って、その風潮はますます強化される。そこに、自己破壊性の傾向が頭をもたげる素地ができ、「自我」を世界の中心に据えることが強調されてくると、主として自己破壊性は他者や自然環境に向けられる、という社会的意識の形成となる。

これらが現代の環境破壊を招来する思想的背景の概略であるが、あくまでも近代のそれに対する相対的な特徴の抽出であり、近代においても現代的な要素の芽生えがあったと共に、現代は、近代的な要素をそのまま受け継ぎ、その上に現代にとりわけ特徴的な要素が重なり合わさったのである。すなわち、先に詳述したように、従来の快楽主義である、すべてを利己の手段としてそのために服させる自己充足性だけではあきたらなくなり、その享受の主体であり、自己の存続基盤である肉体が積極的に快楽の材料とされようとする自己破壊性が加わり、大した壊れ方はしないと踏んでかかる無責任な絶対不変性への過信が貫き通されているのが、環境破壊を進行させる現代の「欲動」の本相なのである。しかも特殊状況の中にだけではなく、私たちの通常の日常生活の中においても随所に捜し当てることのできる傾向となって、広く深く潜行しつつある。

これは、近代以来、進歩をめざして社会的平等と物質的富裕を求めてきた結末であり、その希望をも噛み砕きつつあるのだが、信ずるべき絶対的価値が見当たらないことから、人々の強力なイデオロギーと化して、回り続ける歯車に衰える気配は感じられない。それどころか、権利意識としてますます肥大化される様相を呈しており、社会的平等の追求が培った多数決の表現に価値基準の優位が保証されている中では、正義の座にそうした「欲動」を招き入れる衆愚政治をはびこらせ、それに迎合する政権のみが生き残って、事態を悪化させていく。そのようにして主権を授けられ続ける人々は、自らの不完全性に気付くことも知らず、無制限の権利要求を振り回して、それを強引に押し切る。

こうして権力を簒奪した人々は、量的存在として現われるために、その量的表現によって個々人が人間性無視の無力感に浸って無責任な行動に駆り立てられがちになると同時に、集合行動としての力量は大規模化することで、マンハイムの言う精密な社会機構[35]ならぬ自然環境が修復不可能な変質を受けることになってしまう。社会的意識として固定した自己中心主義に基づく社会的平等の前で、誰もが自らの破壊行為への躊躇を忘れ去りがちとなり、また物質的富裕の前で、その破壊は楽観されていく。

こうした社会的意識が社会的相互作用に含まれつつ、完結されていく間主観的な現実としての生活世界は、確固たる社会的現実として不可逆的にその普遍性を強化し、心ある者は微かに息づく別様の虚無を抱かざるを得なくなるのである。

(2) 歴史進行の特質と環境破壊の根本的克服

マックス・ウェーバは、社会現象や人間行動を説明する出発点を、人間の行為の理由となる動機に結びつけて理解することに求めようとした。すなわち、人間の行為に関する意味連関を理解することから、社会現象や人間行動を因果的に解明しようとしたのである。こうした方法を理解社会学とよび、それによって西欧近代に資本主義がどのようにして勃興してきたかを解釈した。人間諸個人の動機という上部構造よりも、経済的土台をめぐる関係によって動いていく必然的なメカニズムとして、資本主義の発生を捉えようとしたマルクス主義に対抗して、動機の理解が強調されたことはよく知られている。その場合、人間の行為におけるさまざまな動機づけの中で、ウェーバが重視したのは、感情や欲望ではなく、倫理的態度であった。それをプロテスタンティズムの倫理に求め、中でもカルヴァン派の「予定説」が人々に大きな影響を与え、自分が神によって救済され、永遠の生命の付与を予定された者であるかどうかの不安を和らげるために、絶えまない職業労働に励んだことに注目した。すなわち、救われているかどうかの証拠を得るために、神からの召命とされる職業労働にいそしみ、その結果富がしだいに蓄積されていくと、その客観的な証拠とされたという状況である。そして、そうした「予定説」への信仰に、救済される者が予め決定されているばかりではなく、「神は自ら助くる者を助く」という格言にみられるように、勤勉に、禁欲的に働く者も神に救済されていくのだという内容が付け加わった。しかし、人々は神の救済を求めて一生懸命に働いたのであるが、一見飽くことなき利益の追求にみえる行為も、自らの物質的欲望を充足させる快楽のためではなく、職業的な義務を果たすためであり、そうした勤勉で禁欲的な態度でもって、消費を断念して富を蓄積し、それが再投資にまわされて資本主義が勃興したと結論づけている。[36] このように、ウェーバにおいては、勤勉で禁欲的といった倫理的な態度が人々の行為を動機づけ、富の増大をもたらし、資本主義を発生させたのだというように、主観的な意味連関から説明された。

それに対して、ロバート・マートンは、そうした意味連関を理解するだけでは社会現象や人間行動の因果連関を説明しきれず、行為者の意図しない結果が生じることもあり、それは機能連関によって説明しなければならないと主張した。それによると、主観的な意味連関を辿り、動機的に理解できるのは、意図した結果が生じる顕在的な機能連関に限られ、神の救済を求めてとられる勤勉や禁欲などの倫理的な態度は、潜在的な機能として富の増大を結果したことになり、資本主義を発生させたことになる。[37] このような、社会現象や人間行動を説明するのに、意味連関と機能連関の両者を補完的に組み合わせる必要があるとする主張自体に異論があるわけではない。そうではなく、ウェーバが問題にしている資本主義の発生に関しては、筆者はもう一つの意味連関をそこによみとらなければ説明がつかないと考えているのである。

巨大な富を築くほどに勤勉で禁欲的に働いた、「倫理的態度」と言われる動機の中に、自分が神によって永遠の生命の付与を予定された者であるかどうかを知りたい、救われているかどうかを知るための証拠がほしい、そして、一生懸命に働けば救済されるといった利得勘定がよみとれはしないだろうか。これは、富を得て快楽生活をするために一生懸命に働くという利己心ではないかもしれないが、自己の救済に固執するやはり自己充足的な別の意味での利己心の現われであると筆者は解釈する。キリスト教では、自己犠牲的な隣人愛がその根本精神のはずである。もし、ウェーバの言うように、人々の行動が完全に倫理的態度によって動機づけられていたとしたら、富の増大ではなく、個々人における自己犠牲的な隣人愛の豊富さ、増大を競い合ったにちがいない。したがって、資本主義の発生にはつながらなかったろう。しかし、実に当初から人々の行動を駆り立てる動機が利得的であったために、キリスト教において、特にその根本に帰ろうとするプロテスタンティズムにおいても、神から与えられたとするさまざまの使命のうち、あえて職業労働が召命であるということを選択して、「倫理的態度」をそちらに向け、自分の抱き得る隣人愛の増大をその証拠とはせずに、富の増大をもって救われている証拠とみなす道を進んでしまったのである。そこで、富の増大を目的として、勤勉で禁欲的に働くことができ、資本主義の発生をもたらしたのである。つまり、マートンの分析に反して、そこには顕在的な機能連関としての意味連関がよみとれるが、同じ「顕在的」でも、ウェーバの辿った意味連関は、真実を見落としていると言わなければならない。ウェーバの人間の行為における動機づけから全体的な社会の動向を解明しようとする姿勢は、マルクス主義における資本主義発生の解釈に不足している一面を補う方法論の提出ではあるが、肝心の動機の意味をよみちがえたのである。

したがって、資本主義を生み出したとされる多くの人々の「倫理的態度」が、その後の資本主義の展開を推進した、飽くことなき利益を追求する貪欲な金儲けそれ自体に価値をおく精神になぜ変化したのか、その転換点について説明することができない。ただ単に、資本主義が発達していくにつれて、初期の内面から支えるような倫理的態度は失われて貪欲が頭をもたげ、勤勉や禁欲の結果生み出された富が経済的なメカニズムに従って独り歩きをしていく、というような現象的な説明がなされるのみで、それによって曖昧にされたままでいる。もちろん、前の項目で述べたように、経済がそれ自身の論理に従って資本を蓄積し、機能的合理性の自立的運動が資本主義の進展を促すが、そこには絶えず人間の積極的な関与が必要であり、当初資本主義を生み出したのが勤勉で禁欲的な倫理的態度そのものであるならば、それがなぜ、その後の資本主義の展開を促進した貪欲な金儲けの精神に転換したのか、という疑問は消えない。それは、初めから自分が救済されたいという目的に対する手段として勤勉で禁欲的に働いたという意味連関を辿ることによってしか説明がつかない。すなわち、自己の救済に固執するやはり自己充足的な利得勘定が出発点であったために、事業が成功して富が蓄積されていくことをもって、被救済者として予定されている証拠を得たことになり、その確認ののちに、物質的な自己充足性の追求に向かうことになる。なぜなら、すぐに確認をしてしまった後であるから、もはや救済されなければならない必要はなく、その目的もないために、当初からの自己充足的な姿勢が、さらに利益を拡大して物質的に自己を充足させようとするからであり、しかもその利益の使途は問われず、無限に利殖を続けることそれ自体が、先の確認に駄目押しをすることになり、救済されたことのより確かな証拠を得ていくことになるからである。

よく考えてみると、自分が神によって救済されることと自分が物質的な充足を得ることとは、利得勘定が働いているということで共通性があるほか、前者が精神的で後者が物質的とは必ずしも言えない、自己を保存させ、充足させることで一貫しているという共通性がある。したがって、両者の行為にかかわる動機の内容に断絶はなく、そこには主観的な意味連関の継続性があるとさえ言える。このように、ウェーバの注目した「倫理的態度」が資本主義の勃興にとって不可分に作用し、その原理である利潤追求を推し進める動因となったことは確かだが、その「倫理的態度」の意味内容がよみちがえられていたのである。それは、永遠の生命が付与される予定者であるかどうかの証拠を掴みとるための、救済されんがための勤勉であり、禁欲であったのである。このような利得的な姿勢の展開によって、マルクスの言う剰余価値の増殖過程に引き込まれていくのだった。そこでは、労働者における労働を商品として売って賃金として貨幣を得て新たな商品を買って消費してしまう単純な商品循環をよそに、貨幣が資本として商品に投入されて量的に増大した新たな貨幣が回収される、貨幣の拡大循環のみが関心の対象となる。このように、行為の動機がその両極の量的な相違を追い回すことに終始し、ひたむきに貨幣を獲得しようとする努力に向けられた。こうして、人々の間では、貪欲な金儲けそれ自体に価値をおく精神が発揮され、自らの物質的欲望を充足させる快楽生活が蔓延していった。

ピーター・ブラウは、どのような社会過程が人々の間の信頼関係を醸成し、社会的結合を実現するのかを解明するために、社会的交換をその分析の端緒とした。社会的交換の根底に働いている基本原理は、相手からある便益を提供された者は、それに相当する返報を行なう義務を負うことになり、また相手もその義務が果たされることを期待する。[38]すなわち、ジョージ・ホマンズの分配正義論にみるように、そこには、各人が投入する貢献と受け取る報酬との間の交換比率が、等価であることが公正だとする「衡平」の観念が作用する。そして、期待される比率の報酬が入手不能なとき、分配不正義が生じ、その犠牲者は有責の相手に怒りをおぼえ、敵意を抱く。[39]これは、一方的な収奪に及ぶ当事者間の不公正な関係を表わし、対立や抗争の源泉となる。また、当初対等な関係であっても、交換の過程で当事者の一方が返報不能となった場合、一方的な供与という事態が生じ、地位の差が作り出される。これは、返報不能となった受益者が相手の意思に従って可能な便益の提供を強要される支配と服従の関係をもたらし、権力の発生を促す。

このように、社会的交換は経済的交換ほどに返報の量や質や時期が厳密ではないにしても、経済的交換において端的に示される冷徹な打算の側面を多分に備えているために、それが破綻すると何らかの制裁措置が用意される。例えば、世話になった相手への対応が適切でなかったら、やむを得なかった場合でも、その後相手の態度が変化したり、または、後輩から特に選ばれて助言を求められた先輩が応対できなかったら、人格者であったとしても、その後尊敬が払われなくなったりする。そこで、ホマンズの表現を借りれば、人間の社会行動を基本的に支配しているのは、二者間以上の間の賞罰の交換であるということになる。[40]

実は筆者は、資本主義の勃興を促した動因として、ウェーバによってあれほど強調された「倫理的態度」の中にも、「神との取引」とでも言えるが、多分にこのような交換の要素が含まれていたに違いないと考えているのである。そして、すでに述べたような、自己の救済を目的に、その手段として勤勉で禁欲的に働くという利得勘定は、神に向かってなされる単独者の孤独な行為であって、確かに、社会的な行為ではないかもしれない。しかし、人間個々人から発する行為の意味や動機を問題にするとき、そこに交換の要素が含まれているならば、他者関係性とかかわりなく、社会的行為の場において行なわれる社会的交換につらなる前提条件を内包している。すなわち、神との関係において一生懸命に働かなければ神から救済されないという制裁を受けるから、また、一生懸命に働くと神から救済されるという報奨を賜るから、という理由で一生懸命に働くのと同様に、他者との関係においても、ある行為をするかしないかによって、それに見合う報酬が期待できるかできないかという交換の観念に基づいて判断し、その行為をするかしないかを決めている。神に向けられた自己の救済に固執する交換の観念が、そのまま他者に向けられて、やはり自己充足のための社会的交換に移されていくのである。

もちろん、経済的交換に比して、社会的交換は思いやりとか献身といった奥深い感情の混入した交流に傾く側面を有するが、男女の愛情交換から交易商売に至るまで、利得勘定の姿勢が支配的となっているのが、現存社会の実状である。また、基本的な社会行動が複合化して制度的行動に転じたり、二者間の限定交換が多くの行為主体間の連鎖に変わって一般的交換や間接的交換になったりすることによって、社会的交換が社会全体に流布しているのも実状である。しかしまた、社会的交換が、自発的な便益の授受であって、当事者の相互有利化と責務感を系統化していくために、人々の間の信頼関係を醸成し、社会的結合の基礎過程となって社会的統合の形成に貢献することも否めない。古典的な事例として、ブロニスロウ・マリノフスキーが報告した「クラ交換」における互酬性の原理がよく引き合いに出される。それは系列化された贈答儀礼であるが、それに生じる債務感の継続性が参加した集団間のコミュニケーションと信頼関係の連鎖を形成し、対立や摩擦を改修する共同体的な一体感をもたらすことによって、社会的統合を生み出すというものである(41)。このように、社会的交換は、個人および集団間の共同的な関係を完結していく基礎的な社会過程としての機能を果たすが、報酬的な刺激が事後の類似の行動を条件づけるように、人間行動を冷徹な打算、利得勘定に支配された姿勢に終始させがちなことも確かである。特に昨今の社会的交換は、その行為主体の人間類型が、アレックス・インケルスの分類した近代人の特性である計算づくの姿勢や分配の公正への信仰に(42)、社会的平等の進展における帰結としての権利意識が加わった形となって、その衡平の観念が強化されてきているために、経済的交換に伴う等価性の厳密を期する傾向をより濃く含むようになってきた。

実は、その内実において経済的交換に近似してきた社会的交換を推し進める行為主体であるから、それが外部不経済性という事態の頻発となじみやすい親和的関係を強めてきていることが、今日の環境破壊をここまで深刻になるほど拡大させた所以であると言える。外部不経済性とは元来経済学用語であるが、不都合な状態がある経済主体から別の経済主体へ市場機構を経由しないで及ぼされるために、環境破壊が引き起こされても、どれほどの罰金が課せられるべきか、需給関係で価格が決定される市場原理では評価され得ない事態だからである。したがって、「市場の失敗」という観点から、放置できないそうした外部不経済性の処理は、公共機関の役割とされている。ここで注意を要するその特徴は、法律で課される罰金ではなく、市場原理に基づく「自動的な罰金」によっては環境破壊にストップがかからないということである。また逆に、例えば、大気や河川の汚染が処理されて、外部経済性に転じたからといっても、どこからも奨金はもたらされない。つまり、市場的交換に慣れ親しんだ経済主体、そしてその影響下に社会的交換を推し進める行為主体にとって、制裁の加わらない外部不経済性は促進されやすく、報奨の伴わない外部経済性はなじみにくく、蔑ろにされてきたのである。それは、法制化は新たな汚染には追いつかず、ましてや個々人の破壊行為までカバーしきれないことから、単に法規制、そして公共機関の役割を強調するだけでは片付かない問題の奥深さがある。そこに、社会的統合を促す基礎過程として役立ってきた社会的交換が環境破壊の源泉ともなっているというアンビバレントな性格を見て取るべきである。このように、統合されてはいるが破壊された環境に満たされた社会を作り出した行為主体は、社会的交換に不可避的に高まった冷徹な打算、利得勘定の姿勢によって、自らの生存の場と共に自らの死滅の場をも同時に作り出したのである。

人間行動は、生活から湧き出るさまざまな欲求によって動機づけられ、その充足に向かっていくが、多くの主観によって共有されている「望ましさ」の観念であるところの価値規範によって、規制されていると言われる。交換原理もまた内面化した価値規範となって、その望ましからざる逆価値としての一面も人々の内面から拘束を加えている。あれほど「倫理的」にみえた初期資本主義のプロモーターたちも、やはり交換原理に乗っかっていたのである。ウェーバ自身が統計を駆使して指摘しているように、子弟の実業学校への進学率が極度に高く、現実指向性に富んだ当時のプロテスタントの様子からして、それも当然であったと言えるかもしれない。しかし、それは、交換原理の逆価値に突き動かされた人類史を、ほんの一頁だけ垣間見たにすぎない。

資本主義の出現と並んで、今日の社会の性格に深甚な影響をもたらす一翼を担ったのが、西欧近代に形成された社会契約の観念である。社会契約論の最初の提唱者として知られるトーマス・ホッブズによると、人間は本来的にその利己性に基づいて自分の利益を追求する自然的な権利を有するが、万人がそれを主張し合う自然状態では、その自然権はかえって制約を受けて十全に発揮され得なくなる。そこで、各人が最大限の利益を享受するためには、互いの自然権を制限し合う協定を結ぶ必要があり、それが社会契約である。[43]そして、人間の利己性によって社会契約が破られる恐れがあるために、自分たちの利益を守ってもらうことを目的に、国家権力に絶対支配権を委ね、自らの絶対服従の条件を受け入れることになる。こうして、社会契約の遵守が保証されるように、絶対専制政治の国家体制が正当化されようとした。

ホッブズに次いで社会契約論を提唱したジョン・ロックは、人間が本来的にもつ社会性を認め、自然状態でも社会的調和はあるとしながらも、まだ生命とか財産に関する安全権や所有権が完全には確立されていないと考えた。そこで、それらの自然的な権利がより完全に保障されるために、相互協定を結ぶ必要があり、それが社会契約である。[44]しかし、ロックの場合、社会契約の遵守が保障されるように権力を委ねられた為政者に、人々の期待を裏切るようなことがあれば、更迭され得るという革命権が盛り込まれている。

このように、社会契約の思想は、自然権の交換と、それを保証する永続的措置を内容としている。すなわち、自らの生存を有利にするため、その利益を守るために、他者との関係が問題となってくる。安全権や所有権がどのようにして認められるかは、結局他者から承認されるという契機が必要であり、ただ自分ひとりで孤立しているのでは安全権は確かでないし、自分だけで携帯しているのでは所有権にならない。それらが人々の間で正当な権利だとみなされることによって、最大限の利益の交換が可能となるのである。そうした自己保存を確かにし、自己充足を求める自然権は、それに従うことを潔しとされてきた、万物の掟とみられたところの自然法によって定められた権利だと考えられ、それを保障する任務を担ったのが社会契約であるために、その拠って立つ交換原理も正当視された。しかし、自然法がもともと、古来人間の日々の常識に照らして認知された、この世界や人間を支配している本来的な法則であるために、そこに由来するとされる権利ならば、当然人間本性の発露を促すこととなる。もちろん、それは人権の解放という欠くべからざる価値を含んではいるが、利己の発現を助長する逆価値をも含んだ権利なのである。第一に、いずれにしても自己の生命および利益に固執する権利が最大限に発揮できるように、第二に、相互主義の名のもとに冷徹な打算、利得勘定の姿勢に基づく交換原理によって追求され、第三に、そうした利己が保持されさえすれば国家権力の性格は問わずにそれを是認し、第四に、そうした利己を擁護する方向にのみ体制変革を進めていく傾向が、これらの社会契約の思想にはみられるのである。

そして、それは単なる思想に止まらず、西欧近代社会の枠組み形成の一翼を担い、現代社会の特質まで決めてしまったと言っても過言ではない。ヘーゲルの表現による、近代市民社会に現われた、他者の欲望を充足しなければ自己の欲望も充足できないという「欲望の体系」(45)は、今日まで持ち越されて地球的規模で蔓延しているのである。このように、自己の生命および利益を確保したいがために、そのために初めて他者の生命および利益を認め、あるいは、為政者が利己を剥き出しにして人々を圧迫するかと思えば、人々の方でも利己を剥き出しにして為政者に抵抗する、という具合に社会が変動してきた。すなわち、それは、やむを得ざる側面をもつとしても、人間本性の赴くままの惰性に任せた方向性であって、その利己的な人間本性の発露を促す交換原理が、あたかも大河が流れ下っていくように、現代という海浪となるべく歴史の本流を成し、大流を形作ってきたのである。そして、その延長線上に、人類や社会の進歩が期待されていたのである。

ヘーゲルによると、人間は、諸個人が自らの特殊な利害関係、すなわち利己の充足を中心に据えて、それに動機づけられて動くものであるが、その総体が結果として普遍的な価値であるところの「自由」の理念を実現する方向に向かっていく。このように、歴史は、結局のところ「理性」的に進行しており、「自由」が意識的に実現されるというよりは、個人的な人間相互の活動が歴史の進行を支配する「理性」の進む道筋と合致しているために、「自由」の実現という理想に向かって人間が解放されていく進歩の過程となると言うのである。[46] また、スペンサーによっても同様に、諸個人の自由な行為が社会に漸進的な進歩をもたらすと言われた。[47] それらの直接の思想的源流はアダム・スミスにあると考えられるが、その自由放任思想は、利己心を発揮した自由な個人的な利益の追求が、自ずから勤勉とか倹約とかの「美徳」を生み出し、社会全体の利益と一致して社会発展に結びつくというものである。[48] こうした利己的な人間本性の発露が社会の発展につながるとする考え方は、言うまでもなく、その推進力となる勤勉や倹約という「美徳」の意味が問われないままに、すなわち自己の生命および利益を確保したいがためのその擬似性が、問われないままに楽観視されている。それと同じように、その実現によって歴史の進歩につながるとされた「自由」の性格も、そこでは問題とされなかった。

それに対して、そうした「自由」の実現を理想とするのは、それによって利益を得る階級が存在するからだと主張したのが、マルクスである。すなわち、階級的利害がどういう理念をその時代の理想とするかを規定するために、歴史の進行を支配するとされた「理性」よりもさらに根本にその「自由」の理念を突き動かす要因があると考えた。それは、そうした観念形態が上部構造として反映されるところの経済的土台であることは言うまでもない。そこで、ある時代の支配的な思想は、生産活動を可能にする所有関係に従って変化し、その時代の支配階級としての生産手段の所有階級の思想となって現われる。本来万人を解放するはずの普遍的価値とみられる「自由」などが、支配階級の手にある国家に集中されてしまっているために、市民革命を経て万人に政治的な権利が与えられたにもかかわらず、一般には抽象的な権利としてしか示されておらず、それが人間疎外の根源となっているると考えられた。そして、現実の社会がそうした普遍的価値への志向をも失った利己的な諸個人による利己的な目的の追求の場となっていることが、さまざまな弊害を引き起こす源泉となっていると言うのである。(49)

しかし、人間疎外やさまざまな弊害を克服する変革の進め方に関して、マルクスも利己的な人間本性の発露に根差した変革の方向性しか示し得なかった。他の諸階級はそれぞれに既成社会の中にふんだんな権利をもっているが、プロレタリアートは人間としての権利を一切失ってしまっているために、その完全な回復という道しかなく、既成社会を根本から転覆する主体となり得る。(50) すなわち、何らの権利も与えられていないプロレタリアートこそが、すべての変革の担い手たり得るとする考え方であり、ちょうど振子が振り戻される自然の運動法則に委ねられたような、明快な変革の図式である。しかし、利己的に獲得されたブルジョアジーの利益がプロレタリアートの所有に移し換えられること自体の是非は別として、利己的な人間本性の動機が問われることなく、「飢えたる者」の欲望を刺激するかのように、その利害関心に訴える変革の進め方は、交換原理に従った歴史の本流、大流に沿った方向性であることは間違いない。こうした利害関心に訴える変革であるならば、たとえその革命が成就したとしても、人間および社会の中に相変わらず、歴史の本流・大流指向の問題点が引き継がれて残存し、そうした利己的な人間本性の発露に根差す基本的な欠陥に対する問題意識の欠如から、それが解決される方向に向かったことには全くならず、それまでの人間および社会の本質的性格が相変わらずそのまま継続されることになる。自然の成り行きのままに放置される市場経済制度を批判して、計画経済体制などそうした自然の成り行きを制御する人間の側の主体性を強調したマルクスではあったが、人間および社会の枠組み形成にとって最も核心となる変革の進め方の方向性に関して、自然の運動法則の必然性に従うしかないかのごとくに交換原理に道を譲ったのであり、それによって大勢を決すべく思想的ヘゲモニーを確立しようとしたのである。

それは、全く対照的な信念体系をもつナチスによる民衆把握とさえ、交換原理の行使としての同様の特徴を示しているのである。あれほどの暴力による圧政を行なったナチスがどのようにして人々の協力を取り付け、政権の獲得に成功したのかを、エーリッヒ・フロムが明らかにしている。それによると、近代の普遍的価値として求め続けられてきた「自由」の重荷から逃れ、別の権威に服従しようとする無力な自分を優越的な立場に持ち上げ得る、攻撃の対象を求める人々に対して、ナチスはそうした欲望を満たすべく巧みに働きかけ、その自発的な支持を取りつけた(51)。このように、人々の欲望を満足させることによって、政権が奪取され、その圧政が維持されたのである。

もちろん、マルクス主義には、人間疎外やさまざまな弊害の解消に結びつく優れた側面があるが、利害関心に訴える交換原理がその思想が実践に移される発端となる変革の特質を形作っていることから、一切の弊害がそこに由来すると言っても過言ではない問題の根が、相変わらず繰り越しにされるのである。すでに述べたように、利己的な人間本性の発露にしても、それに基づく交換原理にしても、人間の生存が保持され、社会が統合されるという有効な側面を有しているものの、その逆価値が歴史の本流、大流となって、今日の社会を結果するに至っているのである。

利己的な人間本性の発露によって、歴史が進歩すると考えたヘーゲルに代表される歴史観も、または、それによって社会の変革が志向されたマルクス主義の革命論も、先の社会契約論と同じように単なる思想に止まらず、実際の歴史や社会における利己の発現に沿った進行あるいは変動の必然性を的確に捉えていると同時に、逆にまた、その方向性は是認していることから、今日まで、そうした進行あるいは変動の方向を一層促進すべく歴史や社会に深甚な影響を与え、重大な役割を演じてきた。そういう意味で東西両陣営の区別なく、歴史は共有され、地球的規模で同質な社会が形作られてきたのである。

それは、あまり多言は要しないが、歴史がダイナミックに変化していくその動態には、それを引き起こすところの何か必然的な動因があるべきだとするヘーゲルやマルクスの必然史観からさらに明らかになる。前述のように、ヘーゲルは、人間相互の個人的な利益の追求が総体としては、「自由」の実現という理想に向かっての進歩の過程となっており、すなわち、人間個々の動きが全体的には「理性」の行使となっており、結果的に歴史は「理性」的に進行していると考える。「自由」が人々によって意識的に実現されるというよりは、物質の実体が重量であって力学的法則に従うように、精神の本質は「自由」であって「理性」の狡智の作用に従って、歴史はその窮極目標である「自由」の「世界制覇」に向かっていく。このような、「自由」の理念の「自己実現」の過程である歴史の進行は、人間解放の方向に向かう進歩であるという楽観性と共に、目的論的そして決定論的な必然性に彩られている。(52)

また、これを観念史観だとして徹底的に批判し唯物史観を展開したマルクスにおいても、階級的な利害関係という概念を使用しているものの、その階級闘争が歴史を前進させるという考え方であり、やはり利己的な人間本性の発露が歴史を動かし進歩させるという意味ではヘーゲルと変わらないと共に、それのみならず、歴史の進行がプロレタリア革命によって達成される社会主義社会に収斂していくとする点で、必然史観を唱えるのもヘーゲルと変わらない。生産手段を所有するかしないかで区分される支配階級と被支配階級の両者の間で起こる階級闘争によって、人類の歴史は五つの社会構成体という発展段階を辿って前進しつつあると共に、生産様式を構成する生産力と生産関係の矛盾が、その前進を必然的に移行せしめている。一定の生産力に対応してでき上がった生産関係はやがて生産力のより以上の発達の桎梏となり、古くなった生産関係が打破される客観的な必然性が階級闘争の形で現われる。すなわち、資本主義社会の生産過程では、大勢のプロレタリアートが共同して労働することで生産は社会化されているにもかかわらず、そこから生まれる生産物はブルジョアジーによって私的に所有されているために、その矛盾を解消しようとする力が働いて、生産手段がブルジョアジーの手から奪取されるプロレタリア革命の勃発が必然的となる。(53) このように、歴史の運動に裏付けられて初めて変革が可能となり、しかも歴史は社会主義に向かって、目的論的そして決定論的な必然性をもって移行することが強調されるのはよく知られているとおりである。

さらに、このマルクスの唯物史観に対して、生産様式の構成要素間の矛盾のみが歴史の推進力となるだけでなく、そうした経済的土台によって常にまたは終極的に決定づけられる上部構造として見過ごされてきた観念形態が、歴史の進行にかかわり得るとする逆の因果系列を、ウェーバはプロテスタンティズムの「倫理」によって実証しようとした。このように、マルクスを批判したウェーバもまた、その必然史観の側面は引き継いでしまっている。西欧に誕生した合理主義の起源は、太古の「呪術の園」を打ち破る教義をもった文化宗教の出現にあり、それが動因となって人類の歴史は合理化の過程を辿ったのだと総括される。(54) 当初宗教的なインパクトのもとで始まったとされる合理化の過程は、途中でその助力を必要としなくなっても、その勢いはやむことなく、必然的なダイナミズムを描き、合理化のその必然性は、一分野から次々と異なった分野に波及して、社会全体として合理性が止めがたく昂進していったという考え方もよく知られている。

しかし、これらの必然史観で問題となるのは、歴史の進行が必然的であるのは、利己的な人間本性の発露が歴史を推進するために必然的となるという点を見落としていることである。すなわち、歴史の動向を左右するほどの大多数の人々における日常の生活行動が、自らの生存を有利にし、その利益を守ることに起因しているために、それらの集合体が必然的な自然の物質運動の方向に沿って変遷していくかのごとくに、歴史の進行が必然的となっているのである。

まずヘーゲルのように「理性」の狡智の作用を持ち出さなくとも、人間相互の個人的な利益の追求によって、すなわち利己の充足を中心に据えて、それに動機づけられて動く、そういう人間の生活行動によって、総体として、可能な限りの手段が講じられ、普遍的な価値としての理想的な「自由」ならぬ、自己の生命および利益が確保されるための「自由」が、そしてそれらが交換原理に乗せられ得るための「自由」が、必然的に達成されていくのである。

また、マルクスの言うように、経済的土台としての生産様式を構成する生産力と生産関係の矛盾といった唯物的な客観的法則によって、歴史が必然的に動かされているのではなく、もともと搾取階級の利己的な利殖であるから、それによって富の偏在が生じれば、被搾取階級も自己保存を確かにし、自己充足を求めるのはもとよりのことであるために、不断に激化する分極現象による破局的な窮乏状態となるか、利権奪取の可能な力関係にあれば、搾取階級に集中している富の偏在を解消すべく権力闘争が発動される。そして、その利権の移行を達成した被搾取階級の中の強者がまた特権化していく方向に、歴史は必然的に動いているのである。

マルクスの言うプロレタリア革命の必然性を批判するストレイチーは、資本主義体制を救ったのは、資本主義に対する民主主義勢力の闘争そのものであったと述べている。資本主義の進展に伴って、同時に並行して民主主義の思想も発達してきて、プロレタリアートがブルジョアジーの譲歩を引き出せる地位を獲得するようになったと言うのである。労働組合が結成されて自らの利益を主張する場ができ、またそれを反映する代弁政党を選挙を通して選べるようになり、さらにそうした代弁者の進出する政治によって労働政策や法律が整備されていき、税制などによる分配の平等化が図られていった。(55) 社会変動の推進力として経済的土台のメカニズムを強調し過ぎるために、民主主義の発達という上部構造の働きを見過ごすこととなったマルクスは、プロレタリア革命の勃発の必然性に固執するようになった、とするストレイチーの見解は非常に参考になる。

ここから明確となったことは、プロレタリアートがブルジョアジーの譲歩を引き出すことができ、労資間の利権の交換原理が成立可能となれば、階級矛盾は残るものの、それが階級闘争へとエスカレートしてプロレタリア革命の勃発を招くというような必然性はなくなってくる。労資間の交換指向が出現することによって、富の偏在を解消する利権の強奪は必然的でなくなるのであり、ましてや生産力と生産関係の矛盾が歴史を必然的に推進するという命題は意味をなさなくなる。マルクス主義において、生産力と生産関係といった経済的土台のあり方が意識のあり方を決定するために、プロレタリアートはそうした社会的条件のもとにおかれれば、必然的に革命的な意識を持つようになると説かれたのに対して、G・ルカーチは、現にプロレタリアートの生活状態がしだいに上昇して豊かになってきた状況下では、決してそのように必然的に革命的な意識を持つようにはならないと指摘した。[56] 生活状態が悪い上、ブルジョアジーから譲歩も引き出せず、利権の交換ができないから切羽詰まって、革命的な意識も高揚していき、しかも力関係に変更があって有利になれば、プロレタリア革命に行き着くのであった。多くの先進国において実際に、そうした交換ができるように条件が改変され、プロレタリア革命への必然性がなくなっていったことが、何よりの歴史の証明である。しかし、その必然性はなくなっても、その動因となるはずであった人間本性の発露が、なおもいささかも変わることなく、引き続き一貫として歴史の本流・大流となって、その方向に歴史はやはり必然的に進行していったことを忘れてはならない。

さらに、ウェーバが主張するような、最初宗教的な要因と結びついて利益を追求して富を蓄積していく資本主義の精神は、やがて利殖活動それ自体が価値をもち目的とされるように変化し、ついにはそうした精神的要因も必要としない経済秩序や組織機構ができ上がってしまって、その論理に従って資本主義が自立的な運動を展開していった、という必然史観も再検討の余地がある。まず、宗教的要因の中にも冷徹な打算、利得勘定の姿勢に基づく交換原理が働いていたから、自己保存を確かにし、自己充足を求める利殖活動に及んだことは、すでに詳述したとおりである。次の問題点は、経済秩序や組織機構の形成によって合理化の過程が必然的なダイナミズムを描き、社会全体として合理性が止めがたく昂進していく中で、資本主義の展開を内面から支えるような精神はもはや必要なくなり、そこに組み込まれた人間が否応なしに無限に資本を増殖し蓄積する必然性によって資本主義が自立的な運動を展開してきた、ということにある。もちろん、経済秩序や組織機構の機能的合理性の論理に従って人間は動かされるものでもあるが、ひたむきに貨幣を獲得しようとする欲望に人々が日々突き動かされているからこそ、そうした機能的合理性が必然的に促進されるのである。これも前の項目において議論した点であるが、人間の側の貪欲の働きかけによって、利殖のためにあらゆる日常の生活行動が合理化されていくことがなければ、機能的合理性の完全な自立化もないし、資本の自動的な無限の増殖もあり得ない。つまり、歴史が合理化の過程を辿って必然的に進行してきたのは、飽くことなく利益を追求しようとする人間の欲望が介在するからであり、それによって歴史の進行が機能的合理性の方向に向かって必然的となるのである。

これらの必然史観の共通点は、歴史の展開が人間の意志ではどうしようもない外在的な法則によって因果的に決定されているとみることであるが、これは人間の「仕業」の作用を見落とすことになる。確かに、ある歴史の必然的な進行が存在するのは認められるが、それは、あくまでも自己の生命および利益に固執する利己的な人間本性の発露という人間的要素が集合体となっているのであって、しかし逆にまたそうした自然発露的な人間の意志が歴史を推進するために、必然的な自然の物質運動の進展経過を辿るように、歴史の進行が必然的となっているのである。そしてその場合、交換原理に基づく歴史の本流・大流の方向に向かって必然的に進行しており、ますます自らの生存を有利にするため、その利益を守るために計算づくの行為を進める人間が普遍化していき、その方向に沿った徹底的な機能的合理性に支配された社会が結果的に出現しているのである。歴史は決して必然的に理想的な将来に向かって発展するものではなく、そうした従来の本流・大流を必然的に堅持しようとする。したがって、こうした歴史の必然性を止めることができるのは、その必然性を生じせしめている根源を断ち切るところの、利己の発現に反逆する人間の側の主体性の集合的な発動ということになる。逆に、そうした主体性の集合体が動因となれば、歴史の進行はそのようには必然的とはならないのである。

ところで、実際に私たちは一つの決まった行為しかできないわけではなく、自分の意志によって自由に行動できる側面を有している。そういう意味では私たちは無力ではなく、歴史に参加することができるのであるが、これまで一つの方向づけられた要求に従って動くような形で歴史に参加してきたのである。その結果ここまで人間を超える推進力が歴史を必然的に進行させるようになってしまった段階においては、私たちは全面的に自由であるわけではないが、さりとて全面的に決定された存在に止まらざるを得ないわけでも決してない。人間がいなくなれば歴史もなくなるように、しだいにその決定性を強めてきた歴史進行の必然性も、人間の自律性に対し徹底的に抵触することはできないのである。問題は自己保存を確かにし、自己充足を求める自然発露的な人間の意志であり、それが歴史を必然的に進行させているために、その決定性がどれほど強まっても、なおも選択の余地は残されており、人間的要素の手の届く範囲内でそれを転換し得ると言わなければならない。

ここから明らかとなるのは、そうした自然発露的な人間の意志と、それによって作り出された歴史進行の必然性とが重なっていることから、さまざまな社会的弊害の噴出が止めがたくなっているのであるが、それを食い止められるのも利己の発現に反逆する人間の側の主体性の集合的な発動にあるということである。それは、自然の物質運動の必然的な変遷に逆らう方向に向かっていくように、人間の自然発露的な自己保存と自己充足を捨て去っていくことになり、生命の保持や生存の維持さえも危くパラドクシカルな内容を含んでいる。しかし、元来、自然の物質運動の必然的な変遷の中で幾多の生物が生成消滅してきたように、それはその変動態の構成員の生命保持や生存維持に必ずしも有益または有効であるとは限らない。現にそうした自然本性とでも言える変動態の一環を成す自然発露的な人間本性における利己の発現によって形成されてきた歴史の本流・大流の中で、さまざまな社会的弊害が噴出してきており、とりわけ人類の存続にかかわるような形で、その種全体に生理的障害を負わせるような空前の大弊害となったところの環境破壊が出現してしまっている。自然本性の苛酷な側面によって人間本性における利己の発現が引き出されたのであるが、自らの生存を有利にするため、自らの利益を守るために、その苛酷さを改造しにかかったあげくにここまで深刻な環境破壊を結果するようになってしまい、逆に、それが近い将来、自らの生存を有利にし自らの利益を守るという利己の発現をもおぼつかなくさせる段階にまで至らしめられる勢いである。環境破壊によって、今日正に、歴史の質的な悪化は頂点に達していると言っても過言ではない。

したがって、私たちにいくつもの選択肢が残されているわけではなく、そうした環境破壊の重大な歴史性について熟考しなければならない。つまり、現存人類の利益にかなっているから改善するという変革の方向性では、急死を免れる汚水の中で、なお且つたらふく食らう魚が、その個体としてはさしずめ生き存えるように、初めから一定の時間的経過の範囲内で寿命を満喫させがちな、その限界を超えて生存し得ない宿命者の利益を考えていては、根本的に解決されない余地を残してしまう。これまで述べてきた、冷徹な打算、利得勘定の姿勢に基づく交換原理によって形成されてきた歴史の本流・大流に沿った変革ではない、すなわちそうした歴史進行の必然性に逆らった変革でなければ、環境破壊を将来にわたって根本的に克服することは無理なのである。従来の歴史の方向性が環境破壊の意識構造の形成に大いに関係があるために、既述のように一貫して流れ下ってきた歴史の本流・大流の方向性を逆方向に転換することと環境破壊を根本的に克服することとは大いに関係があり、それを成し遂げ得るのが利己の発現に反逆する人間の側の主体性の集合的な発動であって、その創造過程を抗本流・大流志向と名付けたい。それは、利己的な人間本性の発露を打ち破った、代償を求めぬ社会的な集合意識となって初めて威力を発揮するのである。

こうした志向は元来、生命保持や生存維持さえも危くするパラドクシカルな内容を含んだものであったが、これもすでに述べた、さまざまな社会的弊害の根源となった、利己的な人間本性の発露による交換原理が、かえって人間の生存および社会的統合に役立つ有効性を発揮したことから、すでにさしあたっては生命保持や生存維持に関しては問題とならないほど堅固な現代社会が構築されてきてしまっているために、利己的な人間本性の発露に反逆し、抗本流・大流志向による変革を成就し得る人間の生存および社会的統合における基礎ができ上がっているという別のパラドクシカルな側面に考えを及ぼさなければならない。すなわち、利己の発現が、さまざまな社会的弊害をもたらしながら、世界の中での現実の状況に対処する人類の実力を高め、それら社会的弊害を変革するのに充分に堅固な場をも作り上げたのである。たとえ不純な動因からでも、いったん作り上げられてしまった堅固な場を幸いとして、その中にまた同時に築き上げられてしまった、環境破壊という頑強な楼閣を打ち崩すときが来ていると言える。自然の成り行きのままでは如何ともしがたい環境破壊が、この先の人類の存続にさしさわるほど種全体に生理的障害を負わせるようになった段階に至っていることが象徴しているごとくに、歴史の質的な悪化にかかわる社会的弊害は、先の自然の物質運動の必然的な変遷に委ねられるような、歴史進行の必然性に沿った変革では、歴史が前向きに進まないときが来ているのである。

人間諸個人が、歴史の本流・大流に立ち向かう抗本流・大流志向を意図的に発揚することによって、固定化した既存の環境破壊の意識構造を流動化することができ、これが環境破壊を根本的に噴出させない創造的な核心を成していく。そして、そうした抗本流・大流志向が束となって発揚されることによって、環境破壊を主体的にもたらさない意識構造ができ上がり、環境破壊の根本的な克服への端緒が開かれ、それによって初めて歴史の質的な転換も可能となっていくのである。

おわりに

これまで支配的であった、学問的な方法および現実の世界における価値中立主義の立場あるいは姿勢は、ある特定の価値を指向しないことによる功罪が問われることになろう。人為的な価値指向を抑制することが人間の内なる自然・欲望的本性の優位を結果し、そこに別の価値指向が浮上してくるのである。今日の利益誘導性向の隆盛は正に自然発露的な価値指向の現われであり、価値中立主義が帰結する逆説である。

第一節で論述した近代自然科学の傾向が、第二節で論述したこれまでの人類史を規定してきた思想的な趨勢を助長し、その容易な進展を促進したのだと言えよう。両者は分かちがたく結び付いており、価値中立主義の逆説とパラレルな関係にある。

注

(1) 村上陽一郎『西欧近代科学――その自然観の歴史と構造』新曜社、一九七一年。
(2) 中埜肇『近代の思想』放送大学教育振興会、一九八五年、二九頁。
(3) 上掲書、三〇頁。
(4) 大森荘蔵「知覚風景と科学的世界像」、大森・山本信・沢田允茂編『科学の基礎』東京大学出版会、一九六九年、一四五～一五五頁。
(5) 大森荘蔵『知識と学問の構造――知の構築とその呪縛』放送大学教育振興会、一九八五年、六〇～六二頁。
(6) 大出晁「数学化について」、(4) 掲載書、四五～五四頁。
(7) 柳瀬睦男「観測の理論」、同前書、七五～九六頁。
(8) 山本信「観測と身体」、同前書、一八一～一九八頁。
(9) 大出、(6) 掲載論文。
(10) H・バターフィールド著、渡辺正雄訳『近代科学の誕生』講談社、一九七八年。
(11) 大森、(5) 掲載書、三三頁。
(12) T・クーン著、中山茂訳『科学革命の構造』みすず書房、一九七五年。
(13) 山本信『哲学の基礎』放送大学教育振興会、一九八六年、五六頁。
(14) 上掲書、一一一～一一二頁。
(15) 大森、前掲書、一三三～一四一頁。
(16) バークレイ著、大槻一夫訳『人知原理論』岩波文庫、一九八四年、一〇九～一一〇頁。
(17) 大森、前掲書、一一三～一一七頁。
(18) 同前書、一一〇～一一二頁。
(19) デカルト著、桂寿一訳『哲学原理』岩波文庫、一九八六年、一〇三～一〇四頁。デカルト、野田又夫訳『省察』(世界の名著22)、中央公論社、二四三頁以降。
(20) 大森、前掲書、一二三～一二四頁、一四五～一六六頁。

(21) 鶴見和子『殺されたもののゆくえ――わたしの民俗学ノート』はる書房、一九八五年、二七～三一頁。
(22) A・シュッツ著、桜井厚訳『現象学的社会学の応用』御茶の水書房、一九八〇年。
(23) T・パーソンズ著、稲上毅・厚東洋輔訳『社会的行為の構造』I、木鐸社、一九七六年。
(24) R・ダーレンドルフ著、富永健一訳『産業社会における階級および階級闘争』ダイヤモンド社、一九六四年。
(25) G・W・F・ヘーゲル著、高峯一愚訳『法哲学』論創社、一九八三年。中埜肇『ヘーゲル――理性と現実』中公新書、一九六八年。
(26) H・B・キッドウェル著、宇都宮深志訳「環境保護の哲学的基盤」『環境法研究』一一号、有斐閣、一九七九年三月、三一―一〇頁。
(27) K・マンハイム「変革期における人間と社会」、阿閉吉男編『マンハイム研究』勁草書房、一九七五年。
(28) E・デュルケーム著、宮島喬訳『自殺論』(世界の名著47)、中央公論社、一九六八年。
(29) W・コーンハウザー著、辻村明訳『大衆社会の政治』東京創元社、一九六一年。
(30) 西部邁『生まじめな戯れ』筑摩書房、一九八四年、『大衆への反逆』文藝春秋社、一九八五年。
(31) デカルト著、野田又夫訳『方法序説・情念論』中公文庫、一九八三年。
(32) 永井博『科学概論』創文社、一九六六年、九五頁。
(33) L・フォイエルバッハ著、船山信一訳『キリスト教の本質』岩波文庫、一九八五年。
(34) 中埜肇編著『現代の人間観と世界観』放送大学教育振興会、一九八五年、三二頁。
(35) マンハイム、前掲論文。
(36) M・ウェーバ著、梶山力・大塚久雄訳『プロテスタンティズムの論理と資本主義の精神』上、下、岩波文庫、一九八六年。
(37) R・K・マートン著、森東吾他訳『社会理論と社会構造』みすず書房、一九六一年、第一章。
(38) P・ブラウ著、間場寿一他訳『交換と権力』新曜社、一九七四年、二七頁。
(39) G・ホマンズ著、橋本茂訳『社会行動』誠信書房、一九七八年、六四頁。
(40) 上掲書、八一頁。

(41) B・マリノフスキー著、寺田和夫他訳『西太平洋の遠洋航海者』(世界の名著59)、中央公論社、一九六七年。
(42) A. Inkeles & D. H. Smith, Becoming Modern: Individual Change in Six Developing Countries, Harvard Univ. Pr., 1974, P. 243.
(43) T・ホッブス著、水田洋訳『リヴァイアサン』岩波文庫、一九八五年。
(44) J・ロック著、鵜飼信成訳『市民政府論』岩波文庫、一九八四年。
(45) ヘーゲル、中埜、前掲書。
(46) ヘーゲル著、藤田健治訳『哲学史』岩波書店、一九七一年。
(47) 西部邁『大衆社会のゆくえ』日本放送出版協会、一九八六年、八五頁。
(48) A・スミス著、大河内一男監訳『国富論』I~III、中公文庫、一九七六年。
(49) K・マルクス著、城塚登訳『ユダヤ人問題によせて』岩波文庫、一九八六年。
(50) K・マルクス著、城塚登訳『ヘーゲル法哲学批判序説』岩波文庫、一九八六年。
(51) E・フロム著、日高六郎訳『自由からの逃走』東京創元社、一九五一年。
(52) ヘーゲル、(46)掲載書。
(53) K・マルクス著、城塚登・田中吉六訳『経済学・哲学草稿』岩波文庫、一九八五年。
(54) M・ウェーバ著、大塚久雄・生松敬三訳『儒教とピュウリタニズム』みすず書房、一九七二年、一六五~二〇八頁。
(55) J・ストレイチー著、関嘉彦訳『現代の資本主義』東洋経済新報社、一九五八年。
(56) G・ルカーチ著、平井俊彦訳『歴史と階級意識』未来社、一九六二年。

第7章　社会発展政策の根本原理

――「原理学」の創設

はじめに

この世界に山積する問題の由来は宇宙を成り立たせている根源的性質に集約される、ということが明確にできるとすれば、そこから脱して問題のより少ない方向へ向かい得る方法が確定するであろう。それはすなわち、この世界に生起する物事すべてが同じ原理に拠って立っており、そしてそのような唯一根本の原理とは何かを解明することにかかっている。本章は、執拗にこの本質的課題に迫り、問題解決の原理的処方箋を提出しようと試みるものである。

1　万物に共通するこの世界の原理

水は一定の温度に上昇すると必ず気体と化し、昆虫は否応なく花蜜に群がる。私たちは飛んでくる石に身をよけ、また市場では交換価値が見込めて初めて取引が成立する。このように、物事の自然な成り行きは、固有の連鎖反応によって固定した因果関係をもち、別の任意の連鎖経路は辿らない。その意味するところはつまり、ある原因には必ずそれのみに対応した特定の結果が生起することと共に、そのようなそれぞれの事象に固有な因果の連結ではあっても、その「固有」とはそれらすべての因果の連結の仕方がある一つのパターンで必然的に固定しているという性質を帯びていることを表わしているのである。それは、ワンパターン因果固定性とでも名付けることができよう。

では、「ある一つのパターン」とはどういうものか。それこそが本来的なあらゆる事物の「動き」の本質、そして物事の「動態」の本質だと思われる。この「動き」および「動態」の本質を突き止めることがすべての問題解決に通じるカギとなる今日の最重要課題なのだが、それを表現するのはたやすくないので同じ内容を幾通りかに言い表わしてみたい。

「動き」の本質とは何かと言うと、「動き」はすべて「快《こころよ》く進むよう堰を切る動き」なのだと表現できるのではないか。それはどういうことか。事物がなぜ動くのかと言うと、事物にとってそのおかれた現状には、あるいは事物を含む現状の中には、象徴的に言って常に一種の「つかえ」や「詰まり」、あるいは「滞り」と言った方がよいかもしれない状態が存在するか発生するため、「現状の打開」へ向かってそうした「つかえ」や「詰まり」あるいは「滞り」を払拭しようとして事物は動くのである。つまり、「つかえ」や「詰まり」あるいは「滞り」があることによって、事物の現状への定着しきれなさが生じ、その定着しきれなさからやむなく事物は動き出すのだが、その際あたかもわだかまりや迷いなどの「淀み」を吹っ切り、「ストレス」から抜けたいがために居たたまれず、そこから「快《こころよ》さ・安らぎ状態」に向かうべく、いわばじっとしていられなさからやむにやまれず事物は動き出すのである。以上から、「動き」はすべて「快《こころよ》く進むよう堰を切る動き」なのだと表現できるのではないか。

結局それは、「快《こころよ》さ達成指向」であり、ある意味で「安定化指向」とも言え、安らぐようにすると言うか、気が済むようになりたい衝動の充足であり、もっと言えば快楽衝動の充足のようなものだと言える。そのキーワードは「快」であり、「動き」の本質を一言で表現すると、それは「快進《かいしん》」（快《こころよ》く進む）というように名付けることができよう。

無機物質から生物、そして社会関係に至るまで、あらゆる事物の動き、物事の動態はこうした同じ範疇の概念で捉えることができ、それは自然科学の言葉で言えば、それらすべての運動が唯一の法則で説明可能だということであって、決して擬人化手法による認識ではない。なぜならば、あらゆる事物の動き、物事の動態が「快進」であるのは、すべての事物、物事が例外なくその外部に規定されることによって「快進」させられるという同一の本性をもつに至っているからである。例え話として神の存在を仮定するならば、神は「快進」という原理でこの世を創ったのだと言えるし、神が存在しないとしても、この世界の性質は「快進」であると言える。いずれにしても、「快進」によってあらゆる事物の動き、物事の動態は必然化している、あるいはすべての事物、物事が「快進」させられるという、そのような縛りが付されている。つまり、この世界の性質を決定づける万物の同一本性たる「快進」がすべての事物、物事にとって同様に外部規定がかかって形成されることで、あらゆる事物の動き、物事の動態は、そうした「快進」に従った、すなわちそうした「快進」を中身とした唯一の因果連結パターンで固定され、それぞれに必然的な帰結に帰着するというワンパターン因果固定性を示す点で共通しているのである。

では、なぜ事物はその外部に規定されることによって「快進」させられるのか、あるいは、「快進」が外部規定にかかって形成されるのはなぜか、この点が本論の核心である。すなわち、外部規定が「快進」をもたらすという図式になるが、それはどういうことか。外部とはある事物を中に含み、それをとりまく現状のことだが、事物とその外部には、前述では、事物とそれをとりまく現状との間には、「堰」、「滞り」、「淀み」といった阻性が生じることから、「現状の打開」という意味で事物は動くのだと表現した。自然界の事象を洞察すると、事物にとってその外部に規定されることによってそうした「不順《アンスムース》」な状況が出現し、それが自己との間の格差・落差であるがために、そこでその落差を埋めるべくして事物は動くのだとわかってくる。逆に言うと、「動き」とは事物が外部に規定されることによるその「不順」の解消であり、そしてそうした平衡化過程が「不順」を解消して進む「順進」、すなわち「快進」ということである。例えば、極寒の天候のもと、水は氷に変化するし、太陽が強くなることによって水は蒸散する。

重要なのは、この世界では「外部規定」の存在が決定的な意義をもっているということ、すべての事物、物事が外部の規定を受けており、それによって初めて「動き」を表わすのであって、したがって、すでに述べたようにその本質は「快進」だが、同一の本性に集約されているということである。自然界の事象を洞察すると、それぞれが外部に規定された上での、自己の進みやすいように進んでしまうような本性で動いているにすぎないことがわかる。それは、少なくとも、外部に影響された自己のあり方を展開していると言うか、外部から操作されると言わないまでも、極言すれば外部から迫られることによって仕方なく行なわれる「自己本位」の追求である。現象的に自己貫徹をしているようにみえる場合でも、外部から迫られることで、その方向に沿った自己を貫いているにすぎない。

そこで、あらゆる事物の動き、物事の動態は「外部規定の自己本位性」とでも呼べるような本性に従っているのだと言えよう。「本性に従う」からといって、それはそのもの自身の個々の本性に従うのではない。つまり、「本性に従う」ことがイメージさせる、事物、物事をめぐる「より内部」が「より外部」を規定するという向きの方向ではなく、本性とは万物の同一本性でしかあり得ないゆえ、その逆なのである。そして、このように本性とはすべて外部規定がかかっているがために、この世界にワンパターン因果固定性が存在し、蔓延しているのであり、いや、この世界がワンパターン因果固定性によって成り立っているとさえ言え、あらゆる事物の動き、物事の動態が外部規定による「快進」の因果固定性となるように、それに支配されているのである。

ところで、「動き」が外部規定による「快進」であることは、最先端の物理学の成果にも合致している。アインシュタインの一般相対性理論は、例えば地球が太陽の軌道を公転するのは、太陽が存在することによってその周囲の空間が湾曲しているためだとした。すなわち、物質・エネルギーの存在がその量（質量）に従って時空の曲率を決定しており、それが重力や引力を発生させてまわりの物体を運動させていることを明らかにした。つまり、ある物体の動きは、離れて存在する他の物体が作り出す空間の歪みという外部規定的な原因によっているのである。そして、ある物体にとって空間の歪みとは現存状況に対しての滞りとなっているため、「滞りを解消する」＝「快進」すべくその物体は動くのである。地球の現存状況に対して、太陽との間の空間の歪みが絶えず滞りを作り出し続けているため、それを解消し続けさせられることで地球は太陽のまわりを回転するということである。

では、空間の歪みの原因となっている物質・エネルギー、すなわち先程の表現では「他の物体」の存在は、この空間の内部に属するようにみえるが、果たしてどうか。近年有望視されつつある超弦理論では、目下あらゆる物質を構成する基本粒子とみなされているクォークというのは、私たちのこの宇宙の至る所で素粒子のように散らばっている無数の極小六次元空間内において振動する弦が作り出しているのだとされるため、それはわが四次元時空の外部に規定されたものだと言える。というのも、もともと十次元だった当初の宇宙が創世期にわが四次元時空と別物の六次元空間とに分裂し、そのとき六次元空間と一体化したクォークなどの物質構成粒子が誕生したため、それはわが四次元時空の外部に帰属するものなのである。クォーク自身の「動き」について触れると、六次元空間内での弦の振動によってクォークは「カラー」と呼ばれる電荷を帯び、そのため周囲にカラーの磁場という空間の歪みを生じさせ、それがクォーク同士を動かしコントロールする力を生み出している。

結局、物体の「動き」ということを考えると、まず異次元空間によってわが時空内の物質・エネルギーのもととなっている単位の動きというのは規定されており、そうした外部起源の物質・エネルギーがわが時空の曲率としての変化率という「動き」を規定し、その時空のあり方が物体そのものの動きを物体の外部から規定しているのである。そして、実際の動きは、規定されるもの（被動体）に対する外部規定側の変化による被動体の現存状況との落差から生じる。外部規定側の変化によって現状との落差を埋めるべく「快進」させられ、被動体はその動きを醸し出されるのである。

あらゆる事物の動き、物事の動態が外部規定による「快進」の因果固定性に支配されていることを、これまで無機物質に関して述べてきたが、それは同様に人間を含む生物や社会関係にも当てはまる。まず、生物の「動き」も外部規定による「快進」であることからみていこう。

例えば、外界に対する防衛行為としての飛石よけは、石の飛来という外部規定の変化によって、安全感を抱いていた当初の感覚が突如不安に陥ることで落差が生じ、その落差を埋め、解消すべく防衛的な情動の動きが起き、飛石を回避する動作がとられる。この場合、防衛的な情動の動きと、それが行為として表面化した回避の動作という「快進」を外部規定したのが外界の事態だから、理解が容易である。生体内外の温度差が防寒意識を動かし、土にもぐったり、服を着たりさせるのも同じく外界の事態による外部規定という外因性がはっきりしている。

しかし、このように直接的に外界の事態が外部規定しているのではない生物の「動き」もあり、それらはしばしば無機物質との違いを示す生物固有の内因性に基づく「動き」だとみなされがちだが、よく吟味してみると実はそうではない。例えば、食欲は食物を目の当りにしなくとも体内のエネルギー代謝や生命維持の必要性からも自ずと沸き上がるものだから、そうした食欲の昂進は内因性の「動き」だと考えられがちである。しかし、この場合、食欲という欲求が身体の生理作用に触発されて生じた意識であるので、生体機能がその外因となっていると言える。性欲も目前に異性がいなくても、ホルモン分泌など体内の生理作用によって起こり得るが、それは生体機能が作り出した意識であり、その外部規定を受けている。

ところで、そうした生体機能という外部規定要因もなく、食事に臨んだり、異性と接触するなど、外界の事態による外部規定とも無関係に食欲や性欲が生起するとしたら、それは内因性の「動き」のようにみえるかもしれないし、またエネルギー代謝やホルモン分泌など、欲求の意識を作り出す生体機能自体の生起も、一見外部規定のない、内因性の「動き」であるかのようにみえるかもしれない。しかし、前者については、少なくとも食物あるいは異性に関する想念の存在を前提しなければならず、そうした想念の想起が食欲や性欲という欲求を外部規定しているのである。そして、想念とは過去の経験に起因するものであるため、その外部規定を受けていることになる。後者については、例えば、生物のバイオリズムがどのように生成するかに関する最近の研究結果に即して述べてみよう。それによると、生まれてから環境変動のない空間に置かれて日周変化を全く受けたことのないラットでさえ、約二週間経つとその行動に二四時間の周期性が備わってくることから、生物は生体内部に起因する内因性の振動機構としての生物時計をもっており、それが生物のバイオリズムを作り出しているのだと結論づけている。しかし、こうした内因性と思われる生体機能の「動き」は、環境変動に適応するように、その外因に合わせた進化変容を遂げていく遺伝子の振舞いが遺伝的に継承されて形成されたものであるため、即時的に外因の影響を受けていなくても、進化の過程における外部規定の結果としてそうなっているのだと言わざるを得ない。

このようにみてくると、生物の「動き」はすべて外部規定がかかっており、それによって「快進」させられているのであって、本来は何一つの要素としてそのもの自体に根拠をもって内発的に涌き出ているものはない。また、社会関係に関しても、例えば蜜蜂が食欲からではなく花に蜜を取りに来る場合、それはその集団的な必要性が外部規定しており、人間社会の拝金主義も世の中が金銭を必要とするシステムになっているためであり、それぞれに蜜や金銭を獲得することで初めて「快進」できるように「外部規定」によって強制されているのである。

そこで、注意すべきなのは、そのような「外部規定」というこの世界の決定的な要因に関して、同じく「規定」の範疇をもつ唯物論のごとく、意識のような非物質的な精神作用は物質的な肉体の反映にすぎないとして、物質が一方的に精神を規定すると安易に限定してはならないことである。想念が欲求を外部規定している事例からもわかるように、規定する側も規定される側も両者共に「意識」であるが、「意識」同士の一方が他方を規定することもあり、また過去の経験や集団的な必要性や貨幣制度のような事物ではない物事も外部規定の要因となりうる。現存する固体の生体機能を祖先の遺伝子が外界に適応しようとしてきた蓄積が外部規定しているという事例も、「外部規定」とは種の形成過程にまで遡るほどの広範囲な範疇であることを示している。

そして、「外部規定」という概念に対する認識でそれ以上に重要なのは、規定し規定されるものそれぞれの実在性や属性などの違いではなく、またそうした違いによって規定する側と規定される側とを決定し識別することでもなく、事物や物事相互の関係、しかも一方が他方に影響力をもつ相互の力関係を把握することであり、それが外部規定のもたらす因果固定性であるということにこそ着目する必要がある。すると、事物や物事の一方が他方にどのような影響力をもつか、相互の力関係にはどのような性質があるかが明らかとなり、無機物質、生物および社会関係の別を問わず、この世界の森羅万象が外部規定によって「快進」というワンパターン因果固定性の形で支配されていると考えられる有意義な観点がみえてくる。

では、なぜそれが有意義な観点なのか。この世界の森羅万象が外部規定によるワンパターン因果固定性に支配されているというのは、アナロジーとして述べると、すべての事物、物事がその本性を現状のような性質にさせている宇宙の隅々にまで蔓延している同一のエーテルに浸かっているために、共通の存在空間であるそれぞれの外部からの浸透を受け、同じ性質の本性となっているわけである。したがって、個々の事物、物事の本性を現状のような性質にさせているのが宇宙の全体性質であるから、個々の事物、物事それ自体を問題にしても意味がなく、宇宙の全体性質というこの世界の原理を超克し得る方策を定立する必要があり、それによって初めてこの世界の問題は解決の方向に向かう。だから、まずは宇宙の全体性質というこの世界の原理を解明し熟知することがエポックメイキングな意義をもつのである。

ところで、宇宙の全体性質に関する探究は自然科学の仕事だと思われがちであり、またそれはこれまで自然科学が担当してきた。しかし、近代以来自然科学が追究してきたのは事物の「動き」の状態であり、近年宇宙の究極像を提示して有望視されている超弦理論もその延長線上に止まっている。問題なのは、「動き」の性質であり、しかも自然界の事象のみならず、人間を含む生物や社会関係に至るすべての事物、物事にまで探究対象を広げ、自然科学のごとく統一的な探究方法でもって探し当てる究極の法則のような、あらゆる事物、物事の「動き」の性質を統一的に説明できるこの世界の原理である。このように、「動き」の性質をつかむ必要のあるこの世界の原理という意味での宇宙の全体性質の探究は、「動き」の状態しか追究する方法を持ち合わせていない自然科学では達成できない範疇のものであり、自然科学とは別に独自に理論化すべき性質のものである。つまり、その理論化は自然科学とは論理の性質が異なると共に、正に「論理の性質」を探究することであり、方程式の記述では表わせない純然たる定性分析を行なう点で人文・社会科学に類する方法である。

しかし、それが従来の人文・社会科学と異なるのは、すべての事物、物事を網羅するこの世界の原理を突き止めようとすることであり、それによって自然科学が目指す統一的で単純な法則および再現性と同じ意味合いの科学性をもつことである。しかも、自然科学が「動き」の状態を追究しても宇宙の究極像は知り得ないにもかかわらず、その影響を受けることなく、そうした途中成果でもって「動き」の性質は明確にできるため、この世界の原理を突き止めようとすることの方が自然科学よりも科学性に富んでおり、数量化の手法をとらず、要素還元的な方法でないからといって科学ではないとは言えない。また、哲学のような一般的で広範囲な思索学とは取扱う対象が違い、この世界の原理を突き止めた上で、それと一貫させてその成り立ちの問題性と解決策を原理的に探究し提示しようとすることから、こうした学問方法は「原理学」と呼べるようなものである。それは、既存の科学を超えるこの世界に対処する新たな学問方法である。

２　人類には可能な原理的方策の確立

アナロジーとして述べたように、すべての事物、物事が宇宙に蔓延する同一のエーテルが浸透した「動き」しかできない中で、そのことを認識できる人間だけが、そうしたエーテルの物性を理解し、それに対抗する取扱い方を考案することができる。すなわち、人間以外の事物や物事は「快進」という性質をしたエーテルの大海原に埋没しているのであって、「快進」のワンパターン因果固定性に縛られ、任意の動きができないのに対して、人類の到達段階はそこから意識的に脱出するか、それを相対化し、「快進」に囚われない「動き」もできれば、また「快進」を使いこなす「動き」もできるのである。そうした人類の特徴が予想させるのは、外部規定による「快進」の因果固定性が問題の元凶であるのは正に「快進」エーテルの浸透を受けるすべての事物、物事が当然ながら「快進」でなければ動かないようにこの世界の原理ができ上がっていることであり、人類こそがそれを乗り越えられるということである。

ところで、生体の平衡《ホメオスタシス》に反する意志があるとすれば、それは苦痛を伴い、「快進」に逆行することから、物質的な肉体の反映としての意志ではない。そうした肉体の反映ではない意志を人類は充分に備えるに至っており、その意志が生体機能に反発した行為の発揮から発展して一切の「快進」を顧みずにそれ自身独立して発動される内発的な「動き」を可能にした。自分から「する」のではなく、「させられる」のが「外部規定」であり、それはそのものの自由にならない要因でもって規定されるのだが、「内発的」とは自分の自由にならない外部からの力なしに、全く自らの意志の力のみによって「動き」への動機が生じることである。そのように、もともと何もない、触発要因がないところで、いわば突発的に起こる内発的な意志は、したがってあらゆる「快進」の因果固定性と断絶している。

これから極論を述べながら、厳密を期していきたい。生体の平衡を損なう無理を厭わないのは言うまでもなく、自分の欲求にもよらずに、すなわち気が進まずとも損失や犠牲を敢えて身に引き受けるなら、それは「快進」を促すような外部からの力がなんら加わっていない内発的な意志の働きである。その対極にあるのが、生体の平衡に沿う「快進」に反して当初に苦痛があっても、自分の安定や保身・防御といったその後の「快進」に備えることで、相変らず「快進」が動因となっているような、攻撃などの悪意の発端をも成す「内発的」でない自発的な意志である。それは、人間以外の生物にもみられ、自発的な意志ではあっても、「快進」エーテルの浸透を受け、

「快進」の因果固定性に連なっていることが外部規定がかかっているわけで、人類段階としては先の「全く自らの意志の力のみによって」と表現できる「動き」だとは言えない。あらゆる事物、物事の「動き」が外部規定がかかり、そのもの自身にとっては意識的に制御できない、止められない「動き」であるのと、「内発的」でない自発的な意志は本質的にはなんら変わらない。

それに対して意識的に動くことができるのが内発的な意志であり、「意識的に動くことができる」とは外部規定がかかっておらず、したがって「快進」の因果固定性とも連なっていないことから、結論的には、「内発的」とは自ずと善意だけを導くことになる。自分の心情いかんにかかわらず、それを度外視して他者の窮状を気にかけ、その有利な充足の方に重点をおくように、外部規定の要因が何もないのに主体的に思いを致すのなら、「慈しみのみ」の善意となる。これこそが人間固有の「内なる力」としての内発的な意志であり、典型的な人類の獲得物である。

要点は、「快進」でなければ、自己本位ではなく相手本位だからということで、善意しか導かない。「本位」というのは、それ自身が良くならないといけないので、こちら側からの相手本位なら善意しかないのである。補足して言えば、自己本位でなければ相手本位となる。なぜなら、「本位」とは軸足を移さざるを得ないからだ。そして、相手本位となれば、相手に伺うとか、相手に打診しながら、相手の求めに応じて、となる。したがって、内発的な意志は、それが「快進」でないことによって、善意にだけ行き着くのである。

ちなみに、かりに誤解に基づくなど独善的な思考・行為で善意を成そうとしても、それは相手の意向とは関係がなく、相手本位とはならない。また、「快進」でいくと自由な意思ではなくなるが、一般に人々が「自由な意志」とみなしているものでも、物質的な肉体を反映することで物質本性に貫かれた人間本性の域を出ず、万物に共通して内在する同じ範疇の動因に基づいていることが多く、見る目をもって見ればその中に散見できるそれとは異なった動因による人類の獲得物と識別されてはいない。

ただし、ここで議論をもう一歩精密にする必要があるのは、「人類の獲得物」とはとりあえず文化的な獲得物だとみなしておくべきことである。すなわち、窮状にある他者を利そうと慈しみをかける主体行為は、それが自分を利するためや自己満足によるのでなく、真に行為対象を思う心情に起因しているのが主たる動機であれば、文化的に人類の素養が濃厚な者の「動き」であって、人間なら誰にでも生起する「動き」ではない。「文化的」とは、幼少期に近親者によって愛育され醸成される「快進」が潜在した肉親愛から、その後成長するにつれて、いつしか見ず知らずの他者に対して自ら犠牲を払ってでも慈しみの持てる反「快進」を自覚した博愛へと変化するにあたって、文化が介在していることを指す。そして、「人類の素養」とは、生体の平衡を損ない、気も進まぬのに自らが自らに義務を課して他者の苦境とその辛さを一心に思い、救済〝せねば〟、救済〝すべき〟と思案する相手本位から出た当為の意識であり、何にも触発されず、媒介なしにそうした意識自体が主体となってひとりでに作動し、行為対象に働きかける内発的な意志である。

このように、「慈しみのみ」の善意を導く内発的な意志は文化的な獲得物であることから、誰もがそれを持ち合わせているわけではない。しかし、善意には自己満足の動機に起因する善意もあり、人々が多く具備する「内発的」でない自発的な意志は、自己利益それ自体だけでなく、そうした善意を目指して「快進」することもある。むしろ、社会に流布している善意のほとんどがこの類型のものであり、それは欲求に根差した善意であるため、自発的な意志ではあっても、身体的な快感によって外部規定された「快進善意」とでも名付け得るようなものである。元来脳は、本能的に満足するような行為をその持ち主に要求するが、アルファー波やエンドルフィンの分泌など快感を伴う脳内物質作用の裏付けがあることで、欲求が生み出す善意は発揮されやすい。物質本性が人間本性に浸潤し、「快進」の因果固定性に支配されるこの世界の原理が人類の行為にも喰い込んで、他者への優しさ・人助けに関しても自己満足の感情を伴って進められやすいのである。他者の苦痛をとることで自分も安らぐなら、あるいは他者の苦痛をとることが社会の仕組みの上で自分に有利な結果をもたらすなら、「快進」すべく善意が行為として実行されることが多い。少なくとも、通常さほどの抵抗もなく自然に涌き出る善意はこうした「快進善意」であり、それは他の動物とも連続性があって、生得的な資質である可能性が強い。

しかし、特に自分が安らぐわけではないのに、あるいは自分には不利なのに、他者の苦痛をとり、他者を利そうとするなら、それは人類だけが意識的に成し得る善意であり、「嫌でも人助けができる」のは人類にしかできない。快感を伴わない、したがって欲求ではない、少なくとも結果として自己満足を得ることはあっても、その享受を意識せず、「他者を救済すべき」と一心の、案件に一体化する意識から生じる善意が、外部規定と断ち切れた人類の獲得物としての内発的な意志による「反快進善意」である。

善意を全うするには、このようにその動機の軸足を主体益から客体益へと移していく必要がある。なぜならば、すべての問題は「快進」の因果固定性に由来しており、たとえ「快進」が善意をもたらすことがあるとしても、論理的には部分的に、そして一時的に善意が醸し出されているのであって、そうした善意をもたらす「快進」でも、その「快進」という根源が断たれていない以上、細心の注意を払い続けていないと、それは同時に問題発生や悪意の方にも容易に変転する共通の原因だからである。現に、個々人の利益指向の総和として社会発展を達成しようとする発想は、自己利益と関係のないところには関心を寄せない人々を多く創出しており、「快進」できなければ善意は発揮されないという現象がよくみられる。近年話題となっているボランティア活動にしても、無理しないで続けられる形を追求して活動家自身の生きがいに重点をおく自己本位の姿勢は本末転倒であり、本来は自分に利がなくとも窮状にある他者の救済に重点をおいた善意の発揮が貫かれてしかるべきであろう。もちろん、軸足を完全に客体益の方に移しきって自分を消滅させることはできないが、人間と社会に臨む心情としてはその必要がある。なぜなら、最近の社会保障制度の破綻寸前現象が示唆しているように、例えば国民年金への加入をめぐる人々の打算にみられる自己本位の姿勢は、社会発展はおろか、社会自体を成り立たせなくさえする危険を秘めているからである。人間段階の意識的な選択としては、「快進善意」であっても、「快進」という要素に弊害の芽が予見できれば、その因果固定性を外し、多少の犠牲を払ってでも「反快進善意」を重視するのが原則的には賢明な考え方であり、捨てがたい。

しかし、他者の苦痛をとることも、そうすることで自分が安らぐのだから、その者の利己の反映だとしてそうした「快進善意」を葬り去るとしたら、それは万事を混同した生産的でない考え方だとも言えよう。なぜなら、多くの人々が他者の苦痛をとることで自分が安らぐような「利己」の遂行で済むのなら、もっと社会は発展し、世界は前進するにちがいないからである。それは同様に自己本位の姿勢ではあっても、単なる自己利益それ自体にだけ固執する利己とは一線を画するべきである。むしろ、事態を悪化させる利己ではない、社会の閉塞状況を打開する「利己」は、識別する見識をもって積極的に評価した方がよいとさえ言えよう。

「快進」の因果固定性を外せるなら、外してもうまくいくのなら、外すのが最も望ましいが、外した物事の進め方を堅持しようとしても、それは長続きせず、物事を失敗に終わらせる公算が高い。かつて主に宗教が意図せずして結果的に「快進」の因果固定性を外した行為を人々に迫り、それをもって人間を変え社会を変えようとする主力手段としてきたと言えるが、これまでのところどの宗教も結局は人間や社会の大勢を変えることはできておらず、その影響力の限界は歴然としたものがある。それは、「快進」の因果固定性から外れた方向性は物事を最終的な成功に行き着かせないということを明白に物語っている。

結果として「反快進善意」を志向したとも言えるそうした宗教による「快進」の因果固定性外しという人類文明にとっての一大営為がうまくいかなかったことが我々に教えているのは、「快進」の因果固定性は否定しきるのではなく、それがこの世界の原理たることをよく理解した上でその有用部分は生かし、弊害部分は抑えるべくうまくコントロールし得るようになれることである。すなわち、「快進」の因果固定性は断ち切ると物事は順調に運ばず、逆にそれに沿った物事の遂行はスムースであることから、物事が成り立つようにその形式は活用するが、あるいは活用しない手はないと言えるかもしれないが、「快進」が問題発生や悪意の方に変転しやすいこれまでの社会のあり方の弊害だけを断ち切って、「快進善意」の持続を図るということである。しかし、自己満足の動機に起因する善意であれば、この世界の原理たる「快進」の因果固定性に沿っているため、生起しやすいが、そうした「快進善意」でも人類なら誰もがそれに自己満足を覚えるわけではないから、さらなる外部規定をかけ、人々の動機がより確実で自発的に解発（release）されるような因果関係の社会的な仕組みへの革新が必須であり、その整備を進めていって初めて、「快進善意」を拡大させ得る質的に違った社会が到来するのである。

このように、「快進」の因果固定性であっても、「快進善意」なら当面は差し支えないかもしれないし、人類も他の事物や物事と同様に「快進」の因果固定性によって健全と思われる行動をとれるようにもみえる。この世界ではその原理に従った従来からの継続性および実現性がきわめて重要であり、例え話として神による世界の機構造りはもともと「快進」の因果固定性に基づくしかなかったのだが、それが問題含みでしかあり得ない性質のため、そうした限界のある作品にも現実にみられるような限界が存在しているのである。いずれにしても、何らかの形で「快進」の因果固定性は残さざるを得ないのだが、幸福には悪の芽が原理的に含まれているように、永久に「快進」の要素は払拭できないことから問題含みの本質的な性質自体は引きずることになり、問題発生や悪意への変転の根源を断ち切る方向とはなっていないため、やがてそれが巨悪の生成に発展する危険性も相変らず残らざるを得ないということがやはり要注意点として懸念される。

要するに、我々の闘いは、一言で言えば、こうした自然状態としてのこの世界の原理に対する闘いである。我々の敵は、とにかくこの世界の限りない問題性の核心となっている「快進」の因果固定性がもたらす自然の成り行きだと言えよう。それに対抗し、善を成すのは人為にしかできないのだが、なぜ現在まで人間および社会にはこんなに問題が山積し絶えないのかは、この世界の原理の根源的性質が人間や社会に踏襲された「利益なくば動身しない」という利益誘導ないしは交換指向が改まらず、相対化されていないからである。すなわち、「快進」の因果固定性という物事の進行の仕方のままに、あたかも花蜜が「快進」の因果固定性を利用した存在となっているように、その延長線上に行動のパターンがずっと受け継がれてきたからであり、そしてそれさえ、その問題性を含めて意識されず、なおさらそれへの反抗の意識が存在しなかったからである。ボランティア活動や社会保障制度が「快進善意」の範囲内に止まっているように、社会行為および社会構築が自然の成り行きを踏襲することの問題性が意識されず、むしろ当然視されているところに問題があり、人類の特徴たる「反快進善意」を完全実現するのは無理だが、それが社会行為および社会構築を考慮する際の前提となっていないのが問題なのである。

「人類の獲得物」を見据えるとき、人間の到達段階には何ができるかが見えてくるであろう。これまで述べてきた原理学は、自然科学にも増して科学的な、いわば唯一の法則たるこの世界の原理を究明し、物質本性が貫いている人間本性の必然的な進展も人類なら「快進」の因果固定性に対抗することによってそこから脱却し得る見込みがあることを論証すると共に、「善意」の性格付けを可能にし、根本的な善悪の基準を構造的に解明することになっており、その共通の根源たる「快進」の問題発生や悪意への変転を抑止しつつ、物事がうまくいくかいかないかの原理を明確にして「快進」の因果固定性はずしの失敗を克服する意義をもつが、最後に社会発展政策の公準として言えることは何であろうか。

「快進」の因果固定性だけで成り立っている自然界には「公的介入」のごときものはなく、事物や物事個々のランダムな「動き」が飛び交っている。しかし、そうした方式は極端な異変の発生を止めておけないから、それは生物にとって、とりわけ人類には耐えがたいことであるため、人間は社会を形成する意味があった。その意味とは、社会を形成することによって自然の成り行きを規制する公的介入が可能になり、自然の成り立ちが「快進」の因果固定性一色であるのに対抗して、「快進」の因果固定性への反抗を有効に実行できるからである。

したがって、自然界が「快進」の因果固定性だけで成り立っていくことが可能だからといって、今日世界を席捲している自由経済学派のように、社会も基本的に「快進」の因果固定性だけで成り立っていくことが可能だとみるのは、一理あるようで、人間社会としては原理的に論理が通らない。競争による活性化が望ましいのは、人類には居たたまれない自然の成り行きの苛酷さ・悲惨さから保護されるという歯止めのある、その中での手放しでない条件つきの苛酷さ・悲惨さとしての「競争」による活性化である。しかし、徹底した市場メカニズムの結果として「快進」の因果固定性だけが支配する方向にいっそう近づいていくと、効率実現のシステムとされる市場メカニズムは「人類の獲得物」による自然の成り行きに対する自決の余地を阻害し、非効率を結果する。

自由経済主義の延長として、例えば環境政策に関して往年のプリュードム・モデルや経済的誘導主導論を唱導する論者たちが「公的介入」の是非を表層的に議論しているが、原理学によって原理的に、すなわち根源レベルでそうした議論の優位は明快に崩壊してしまう。原理にまで遡って考究せず、表層的な議論で済ませていると、何が公準となるものかという判断が実はつかないのである。

経済的誘導措置は環境政策の中でどのように位置づけられるべきかであるが、もちろん人間社会の活力を保持し、社会発展の効果を最大限に上げるために経済的誘導措置の駆使自体は否定してはならない。しかし、一般に経済開発の規模が拡大すれば汚染排出の数量も増大することから、直接規制を込めた経済的誘導措置でないと、すなわち直接規制基準に近似するか、それ以上の達成効果のある経済的誘導措置でないと、経済的誘導措置は空洞化し、環境保全効果は薄いか、あるいは経済的誘導措置がかえって事態を悪化させる危険性がある。直接規制を込めた経済的誘導措置は「快進」の因果固定性を外さずに活用し、しかも同時に「快進」の因果固定性に対抗してその予想される弊害を事前に防止するということで、原理学から演繹された社会発展政策の公準であるが、逆に社会発展政策の公準の原理的な正しさは原理学を踏まえて初めて判断が可能となるのである。また、直接規制を込めた経済的誘導措置の「直接規制」は、その適正な規制基準は「外部規定」によっては決まらず、何が正しいかは主体的判断を必要とするという「主体性原理」に依拠することから、これも原理学による理論付けをしなければならない。科学的な到達成果を参考に、ある規制基準を意識的に敢えて採用すべきであって、それが経済インセンティブによる自然の成り行きに任された事物や物事の「動き」をめぐる外部規定性によって自動的に確定することを当てにしてはならない。そして、ある規制基準を採用した後の法制による制裁も外部規定性に基づいているため、時間が経過すると、放射能汚染の拡大によって既存の有害物質規制基準が役立たずとなったように、陳腐化して有効な規制基準でなくなっていくことから、「主体性原理」でもって絶えず意識的に敢えて見直さなければならないのである。

こうした観点を踏まえた上で、社会的枠組みのよりよい状態を社会的仕組みとしてどのように実現していくか、社会的仕組みの中でオートマティカリーに人間や社会をよくしていく仕組みとはどのようなものかに関しては、別の章を参照されたい。

おわりに

「快進」と「反快進」とはそれぞれ悪と善とに区分されるわけではなく、とりわけ「快進」は悪だけをもたらすのではない。躍動感に溢れ、現実に対して自生的に適応や蘇生を繰り返すパワー・エネルギーは「快進」に属しており、人類が生存しようとする限り「快進」に依らなくてはならない。この世界で「快進」は不動の地位を与えられている。

「反快進」にはそんな力量はない。ただ、「快進」だけでは行なわれない事がある。結果的にどこまでも、殺伐社会や人心荒廃の根は絶たれない。「快進」は人類の生存には必須だが、人類レベルの社会にするには「反快進」が必要である。社会や人間の荒みが表す多岐にわたる問題の根源を治療・抑止するのが「反快進」の本領であり、その理念を人類は共有しなくてはいけない。

しかし、「反快進」を行動の指針とするのは、団体や個人の自発的な意志に任されるのみにし、強制の介在があってはならない。我々がやってよいのは、社会と人間の質を常時底上げする仕掛けの制度を築き、「反快進」への自由選択の余地を高めることだ。それが歴史の流動性を促し、未来の変化につながる環境作りとなる。

現存する状況は歴史的な必然として存在し、未来への経路は歴史法則によって規定されているとする必然史観は今日では批判されるようになり、そうした決定論を排除することの重要性が強調されるようになった。現存する状況は必ずしも必然ではないし、未来への経路が決まっているわけでもなく、ビジョンは人間たちが主体的に選択していくものだとされているのである。

しかし、それは、我々が「快進」の因果固定性というこの世界の原理に対して、本章で述べてきたごとく意識的に対抗して初めてそのように言うことができる。でなければ歴史は相変らず必然進行するのであって、「物質本性が貫いている人間本性の必然的な進展」から脱却できるかどうかが主体的なビジョンを実現していく上で人類に立ちはだかった最大の障害物なのである。

第8章　環境世界の真相

1　特殊人間的存在からの視点

環境世界が実際にはいかなる姿をとって存在しているのか、という問題に対するアプローチは、特殊人間的存在の性格およびスケールによる認識能力の限界を踏まえた分析の視点を必要とする。

(1)　人間的存在の性格

人間に知覚できるのは、客観的な実在世界そのものではなく、それが原因となって感覚的所与にもたらされる主観的な結果にすぎない。視覚を例にとると、外界にまず客観的に諸事物が存在し、それらが網膜に映し出されて主観的な世界像となって私たちに認識される。実在世界はあくまでも人間の感覚の外に存在しており、そこには隔壁があるのであって、私たちの抱く諸事物の像は、さまざまな感覚的性質をもった不完全な世界なのである。例えば、同じ外界の事物を見るにしても、黄疸の患者は胆汁ですべてが黄ばんで見え、近視眼では正視に比してぼんやりとしか見えない。私たちの見ているのが実在世界そのものであるならば、同一人物でも体調によって同じ事物が違って見えたりするこれら黄疸や近視の事例は説明できなくなる。それらは、世界そのものは変わらずとも、感覚像として受け取られ方が異なり得るということを物語っている。

また私たちは、対象から受け取った主観的な感覚像の上にその事物についてすでにもっている概念を重ねて、対象事物を客観的に構成しているのである。既得知識に沿った状況を客観的事物について考えているのだとさえ言える。この構成による認識過程は経験的な知識によって規定されたカテゴリー（範疇）が慣習化したものであるが、構成の材料となる既得知識が先入観であるか科学的知識であるかなどの諸段階によって、さまざまな構成のレベルを形作る。すなわち、構成は学習を通してその能力が高まるために、不充分な構成しかできなかったり、場合によっては全く構成ができず、ただ単に感覚的性質に彩られた不完全な実在世界の写しが網膜に飛び込んでいるだけであったりする。まさに、真の実在的な世界は私たちの主観的な感覚の外に存在しているのであって、その写しにさまざまなレベルで構成を加えているのである。

そのほかに、私たちの認知機能は日常、極めて目的的に働くことによって、直接関係のない要素は切り捨てる傾向があるということも考えておく必要がある。主体的な構え、期待および欲求などの要因が先行し、その時々の目的に合わせて処理水準を変えていくという、可変性に富んだ処置を行なう構造になっている。このように、客観的な実在世界に対する認識は、構成レベルの相違以外に、認知主体の在り方によっても、その把握のされ方が大きく異なってくるのである。

(2) 人間的存在のスケール

人間は感覚像に慣習化された構成を行なっているが、その構成認識における多段階の様相について別の角度から検討してみる必要がある。今日、人類は電子顕微鏡や電波望遠鏡の世界をもつことができるようになったのであるが、もしかりに私たち人間が本来、そのようなミクロの世界に入り込めるスケールの存在であるなら、現在私たちが日常眺めたり、さわったりしている物体はすべて、そのように見えたり触れられたりはできずに、素粒子の運動として見えたり触れられたりすることになって、実在世界の姿はがらりと違った世界となるであろう。また私たち人間が本来天体大のスケールの存在で、マクロの世界を往来しているとしたら、現在私たちが日常眺めたり、さわったりしている物体は、ないも同然、その存在すらもわからなくなるほどに、実在世界の姿が、これまた先程とは別の方向に、違った世界となってしまう。このように客観的な実在世界は現存主体の在り方によって、全く違って認識されるのである。私たちの知覚とともに、意識の領域の外に存在している物質的世界は、存在論的に客観的に唯一の存在形態をとっているはずである。すなわち、知覚による認識がある物体のどの側面を捉えようとも、その物体は相変わらずあくまでもその全き姿において存在しているのである。それが、特殊人間的な存在スケールのレベルから、極微および極大の両方向に向けて認識レベルを拡大することによって、客観的に唯一の存在形態をとる物体がさまざまに構成されるのである。

私たちの見ている物体が感覚像ではなく、直に実在世界を見ることができるのであれば、人間の感覚像にはその物体のミクロレベルの構造は映らないという人間的な存在スケールのレベルでの認識能力の限界を飛び越えて、対象物体の存在形態をミクロからマクロに至るさまざまな構成段階において一時（いちどき）に、一遍に把握できることになる。すなわち、隙間のある格子構造の状態から私たちが現に見ているベッタリした物的状態までを空間的に同時に見られることになるが、客観的な実在世界とはそのような姿をとって存在しているのである。

これまで視覚によって捉えられる事物の形を中心にみてきたが、環境世界における同じ視覚による色や聴覚による音や嗅覚による臭いなどについては、知覚主体の立場によって捉えられ方に相当の変化があり、感覚的要素が強く、実在世界の客観的な実態としてのそれらは大きく異なっていると言われる。現に、昆虫類にしか見えない色や、コウモリあるいはイルカなどには聞こえる周波数の高い音があり、それら人間には未知の要素を含む形で実在世界はでき上がっているのである。また、嗅覚の例では、客観的な物質は本来それなりの臭いのもととなるような性質を備えているようだが、私たちの感じる臭いと一致しているとは限らない。例えば、土壌中の微生物の死体にも悪臭はあるだろうが、私たちには臭わない。もし人間が微生物大のスケールの存在ならば、その臭いは犬の死体と同様に臭うであろう。したがって、私たちの嗅覚に臭っている臭いも、人間的性格およびスケールの存在における主観的感覚を通した臭いなのである。

2　物質界としての環境世界の実相

物質界としての環境世界が真にどんな成り立ちをしているのかについて、さらに新たな角度から、事物が多面的であり、物事は複雑に入り組んでいるということの基本となっているアナログ性を中心に概観してみる。

(1)　実在世界のアナログ性

客観的な実在世界の成り立ちは根本的には、その中に存在する事物の流動過程に区切りがなく、事物間の境界は不明確であるという、アナログ的な性格を強く帯びていると言える。ある事物を中心に考えると、その運動の時間的な経過では例えば○から一へと、その間の値を限りなく連続的に通過しながら動いているのであり、その空間的な広がりでは周囲の、あるいは全宇宙のあらゆる事物と相関的なつながりを内包し、ネットワークを形成して存在しているのであって、実にアナログ的な状態そのものの中に置かれているのが実態である。ただ、私たち人間の知覚の特性およびその経験における限界から、対象事物を非連続的にしか、そして有限的にしか捉えることができないのに加えて、近代自然科学の影響および感化によって停止したひとこまとして、あるいは割り切った断面として捉えることに慣らされているために、それらが境界のくっきりしたデジタル的な状態に映るだけなのである。現に例として、私たちは時間は時計を見るように秒あるいは分単位でしか、そのようにデジタル的にしか感じ取っていないが、本来はそれ以下の単位の間を無限に細かく通過しているのである。また、無機物質でなく生物体でさえ、その九五％以上を形作っている酸素、炭素、水素、窒素という四元素は、宇宙の中でも五番目までに入る最も多量に存在する元素群であり、生物圏と宇宙との元素組成がこれほど一致するということは空間的な連続性を証明している。

身近な別の事例では、Ｂ型肝炎やエイズなどが血液感染しかしないと言われるのは、それらのウイルスはウイルス含有濃度が血液の約十分の一である唾液や尿からは事実上感染することがないという経験則に基づいて言われているだけのことであって、実態はその感染度一から十分の一までのどこかで感染が実際には起きるという不明確なもの、連続的なものなのである。ただ、現実に外に現れる感染媒体が一または十分の一というかなり間に差のある両極に偏った体液しかないために、実用的観点から割り切って、血液では感染するが、唾液や尿では感染しないというようにデジタル表示をしているだけである。

このように、実在世界および事物の客観的な姿は境界が不明確で、つながっており、連続的なのであるが、私たちの側でそのひとこまや断面を見たり、聞いたり、感じたり、体験しているだけで、デジタル的に受け取っているにすぎない。

(2)　現代科学とアナログ性

実在世界のアナログ性はまた、事物の存在および運動における相対性と不確定性という現代物理学の観点から概観する必要がある。相対性理論は、空間と時間とがその観測主体の運動状態によって相対的となるという時空連続体の原理を確立し、主体と客体の混在観をも深めた。また量子力学は、素粒子の位置と速度の同時的で正確な測定は、互いに影響を及ぼし合い不可能であるという不確定性原理を証明した。前者の主体と客体の混在観は、近代自然科学における観察および行為対象とその生起あるいは変化過程に関係をもつ行為主体とを分離する考え方を改めさせる。後者の不確定性原理は、電子を粒子性および波動性と二元的に捉えることによって、それを単なる粒子として確定的に考えた古典力学の世界像を改めさせる。私たちの目には現象としての環境世界は古典力学の見方のように映るために、日常生活における経験世界では古典力学がりっぱに成り立っているとも言える。

しかし、相対性理論や量子力学の世界像と古典力学の世界像とのどちらがより正確に実在世界を捉えているかと言えば、前両者が実態により接近していると言われる。つまり、事物の運動が光速に近づくほど、あるいはミクロの世界であれば前両者が正確で、事物の運動が停止に向かうほど、あるいはマクロの世界であれば後者が正確になるというような、状況の相違によって変化するものではない。光速からみれば停止状態に近い日常生活では、厳密を期さなければ後者が代用力学として擬似的な正確性を果たし得るのみであって、日常レベルにおいても厳密に極微の数値にまで言及すれば、やはり前両者の枠の中にあると言えよう。このように、デジタル的に世界を把握する古典力学より、アナログ性を強く備える相対性理論や量子力学のほうが実在世界の成り立ちに一層接近しているという事実は、環境世界は実際にはアナログ的な性格を帯びていることをよく物語っている。

現代哲学でも、意識の領域と物質的世界をきっぱりと切り離すことによる、主観的要素を排除し尽くした客体に対峙する自律的な意識としての主体に立脚する思考枠組みはとらなくなってきている。また、事物間の存在連関から自我を取り出すことに慎重な思考態度をとり、認識する者の能動的な作用者としての立場の確立にも努めている。

私たちが普段外部から観察し、行為の対象として取り扱っている客体は、実際には同一世界の連関の中の存在であり、その世界とはほかでもない私たちがその内部に生存している環境としての自然なのである。現代生態学の発達によって、その自然が生態循環という意味で、全体として一つの生きた有機体であることが今日ますます明白になっている。生物群集が物質界を基礎にエネルギーや栄養塩類などの移動をめぐって相互補完的な関係にある生態系において、その本来のダイナミックな平衡状態を保つためには、私たちは利用者としての立場だけでなく、参加者としての役割をも充分に果たさなければならないことが、これまた実在世界のアナログ性を証明している。

さらに、生命科学では個体発生は系統発生を繰り返すと言われ、人類のような進化した段階になっても個体発生の最初は、例えば爬虫類のような長い尾や魚類のようなエラまでが現れ、出生間際に近づくにつれて人間らしい個体になってくるという事実がある。数億年前からの進化の全歴史が分子レベルで記憶されており、胎児の過程で一通り経験されるのである。普段個体に固執して考えすぎるために、それが本来もつ動物性や植物性を忘れがちであるが、個体のアイデンティティを超えたアイデンティティが私たち個々人の存在の中に内在しているという個体の多面性を物語る事実である。

脳生理学でも人間の脳の根源には原始的な哺乳類や爬虫類の脳が残っていると言われ、私たちの心理構造には明らかに進化の全歴史が痕跡を留めている。それは、生物システム全体にだけ及ぶものであるばかりでなく、地球や他の惑星、そして太陽などにまでその起源は求められよう。臨床心理学や精神医学でも患者における集団的無意識のカテゴリーが用いられ、病気が意外に掛け離れた関係に端を発しており、周囲とのつながりが個人の中で表面化しているとする。私たちは事物を単純化しすぎており、こうした実在世界のアナログ性を見落としている。

3　環境世界の本質的実体への視点

環境世界の究極像を模索する場合、環境世界の本質的実体の有無、超経験的な要素および超自然的な原理の可能性まで考察の射程に入れる必要がある。

(1)　近代自然科学の思考法

私たち人類の文化および文明の発達してきた方向は、デジタル的な表現の偏重を伴ってきたきらいがある。すなわち、複雑に入り組んだ実在世界という現実は分析的に捉えたほうが人間にとって明確でわかりやすく、そこでの手っ取り早い問題処理にも適した効率のよいデジタル的な手法が蓄積されてきたというのが、これまでの人類史の主な実績となっているのである。デジタル的な手法は、物事の進展あるいは人間の生存レベルの向上の方向に一応適合的であり、その方向を促進するという効用があることから、アナログ的な手法を圧倒的に退けて生き残ったとも言え、人類社会が発展するためには必然の成り行きであったとさえ言える。しかしその方法は、人間の生活に便利で、とりあえずのところはその生存に有利ではあるが、本来アナログ性を強く帯びる実在世界の実相の全体を網羅的に見通すには不適当で、したがって客観的な世界の実在性とそれへの問題処理の働きかけとの間にギャップが生じるために、さまざまな弊害を免れ得ぬ現状が結果しているのである。すなわち、人間の能力にとって究極の真理を捉えるのは難しすぎ、またそれを正確に捉えてから行動に取りかかるのでは時間がかかりすぎて死活問題に関わることから、やむを得なかったのだが、とりあえず把握した擬似的な環境世界に対して、日々の生存を確保するための行為を進めるべく急いで現実対処に向かったところに、今日私たちが受容せざるを得ない多くの問題の一つの発生起源があると言えよう。このように、スピーディに環境世界への適応能力を高めるためには、デジタル的な手法が優れていることと、先にみた人間の知覚による環境世界のキャッチがやはりデジタル的であるという限界を有していることから、私たちの世界理解および問題解決の方法としての科学も、最近までデジタル的な情報処理および現実対処の方向へ進歩してこざるを得なかった傾きがある。その結果、環境世界における現象の背後にある事物そのものの本質についても不問に付されてきたのである。

特に近代自然科学では、感覚器官に直接に与えられる事実によって実際に検証され得るもののみが、人間の知識にとって積極的な意味をもつという実証主義の立場がとられる。そして、極力定量化が可能な範囲に知識を限ることで、数学的表現のしやすいものをどうしても研究対象としていく。その結果、数学的表現にのらない、数量化とはなじみにくい事柄は落とされていく。したがって、純粋に物質的な現象のみが主題となって、自然の死物的な把握が進展する。それは、感覚器官によっては現象の背後の本質や形相が捉えられないことと関係している。また、人間の知識を感覚の働きが直接に達し得る範囲に限定し、数量的に規定され得る対象に着目し、それら物質的な要素によって自然の諸事物が構成されていると説明することから、近代自然科学は唯物論の性格を帯びる。この傾向からも、現象の背後にあるかもしれない事物そのものの本質への問いは落とされる。すなわち、実体の不変の本性のかわりに、現象の変化の法則が求められる。それは、現象における特定の因子に関し、数量的に規定された諸状態の間の法則的関係がどうであるかのみが問題にされる、ということである。そして、こうして得られた科学的研究の成果が直ちに実在性そのものと同一視され、その描く世界像が唯一の究極的な実在世界と信じられるところに問題がある。さらに、事物の対象化、客観主義が強調される。知識の客観性が確保されるためには、対象である事物をその他の要素による不確定な影響から切り離して純粋な形で取り出し、同時に行為の主体自身も対象から身を引き離して、いわば純粋な目であるような立場にあるのでなければならない、とするのが科学的方法論である。観察される事物の過程とそれを観察する主体とは、実際は同一世界の連関の中に存在しており、しかも主体がその過程の生成と関係をもつにもかかわらず、特定の諸因子からなる系とその法則性のみが問題にされることによって、当の行為主体はその過程そのものとは無関係にその外に位置するものとしてふるまう。こういった思考操作を加えることによって得られた知識が科学的であり、客観的であるとされる。しかし、このようにして得られた「客観性」が自然の実在性と同一であるわけはなく、むしろそれは自然の一面的な現象しか捉えていないばかりか、抽象的、主観的であるとさえ言え、それによって実体が汲み尽くされることは原理的にあり得ない。

これら近代自然科学のもつ性格から明らかなように、超経験的な要素を排除して、経験に即して自然を把握しようとする。したがって、現象を超えた存在、すなわち感覚的に捉えることのできないものは観察および分析の対象とはしないのである。もっぱら自然の諸現象の間に成り立つ関係、しかもその特定の因子間の関係に話が絞られ、その裏面の実体の有無は問わず、超自然的な原理を自然現象の背後に考えないという態度である。存在しない目的を想定し、超自然的な原理によって自然を解釈する従来の生命的または目的論的自然観は、人間行為の意図性を自然に投影した擬人観にすぎないとして退け、自然観の転換を図る。そして、自然を無機的な物質の構成体とみなし、死物同然に取り扱うようになったのである。

現在、私たちがもっているものの見方の根底には、確かに自然科学的な世界観があり、周囲の事物を、自然科学が築き上げてきた知識を除いては眺めることができなくなっている。真偽の判断も実は、自然科学的に真か偽かということを考えているのである。これはもはや個人的嗜好の問題を超えて、それが他に優先する「合理性」を含むことが無意識的に自明の理とされ、強制的にそう感じるように感覚が統制されている。しかし、このように人間の感覚に沁み透って凝り固まり、内なる世界像として人々の生活全般を律する決定的な役割を果たすようになったのは近代自然科学的な思考法であって、現代科学の達成した最新の成果が社会的な常識として感覚化されているわけではない。アナログ的な要素を備えるに至った現代科学が近代自然科学におけるデジタル性の強い思考枠組みを覆そうとしているにもかかわらず、人類の進化は近代自然科学の発達の方向に引きずられたままで、私たちは普段未だにその堅固な呪縛によって客観的事物を規定しながら、環境世界を構成する段階に止まっていると言える。

(2) 環境世界への対応

近代自然科学の思考枠組みにおける構成のレベルを、人間の主観的な感覚像の限界を超えて極微および極大の世界へのより正確な認識に到達した現代科学の達成水準にまで詳細にしていくことは可能であり、したがって実在世界のアナログ性の把握には接近できるが、そのさらに奥の本質や究極的実在の有無については迫り得ず、真の実在的な世界の実体はやはり隠れたままであることに留意すべきである。今日までの科学の成果をもってしても、この世界の究極的な在り方が、本源的な絶対生命によって創造されたとも、そうでないとも、また絶対生命が汎神論的に自然界に潜在しているとも、いないとも断言できたわけではない。科学的な生命原理の探究によると、人間や動物の生体も単なる物体、すなわち蛋白質や脂肪などの化学名をもった物質の集合体として眺められ、生命活動の根本はある蛋白質、アクチンとミオシンの化学変化、エネルギー変換だとされ、機械論的な原理しか残らない。しかし、だからといって、例えば人間の精神、心、魂がただ単にその物質的な構造のカラクリ、そのメカニズムの所産にすぎないと言い切ってしまうわけにはいかない。なぜなら、生命原理は実際には私たちの意表をつくような形態になっているかもしれず、例えばそういった生体における機械装置とは別に、形而上的な要素が、生体の外部からそのメカニズムに重なり合わさっているということがあっても決して不思議ではないし、そのような可能性を考えようとするならば、それを科学的な思考枠組みによって否定し去ることは、方法論的、論理的に不可能だからである。このように、科学の方法論上の基本的姿勢はその主題である物質および物質運動の現象的側面の究明によって世界の成り立ちを理解しようとしたのであるから、そうした範囲の問題はすべてチェックできるが、それを超えた何かがあるのか、ないのかを探ろうとしても、それは筋違いであり、物質的でない存在を物質的な手段によって捉えることはできず、そうした方法論の上にのらない事柄を実証する方法を原理的に欠いているのである。特に近代自然科学による、自然界を生命的な力の宿らない世界とみる物質的な死物自然観や、心的要素も生体の物質的メカニズムのみの所産であると断言する機械論的生命観は、自己の方法論による拡大解釈に基づく誤まった短絡的な推論であり、自らの方法によってチェックできないものを否定し去った越権行為である。

実在世界における究極的実在、本源的な絶対生命の存在は本来的に否定し去れない曖昧性を有しているにもかかわらず、それを合理的な理由もなく不当に否定し、近代自然科学のもつ物質的および機械論的な自然観の拠って立つ根拠の曖昧性のほうは問い詰めずに絶対視してしまっているところに、現代人の誤まった選択があり、したがって死物自然観から生命的自然観を「迷信」だと思い込む迷信を捨て去ることが私たちの課題となろう。また、究極的な大局の世界観を根本的に左右するものではないのに、現代社会における思考枠組みの主流を成している近代自然科学、それによって固定された偏見の呪縛を解き、その方向を矯正する現代科学の到達成果を踏まえ、世界観の二者択一的な即断、切り捨ての姿勢は避けるべきであろう。主体と客体の混在観や生態系の有機的な循環システムなどにみられる実在世界のアナログ性および事物の多面性を了解し、人間存在の性格およびスケールの限界内での印象的な認識を超えた認識構成の日常化を達成しつつ、現代科学の今後の発展を見守る必要がある。それでも実在世界の実体把握にはなお届かず、人間の認識能力ではどうしても不可知性は残るが、それはもとよりの現実であり、少なくとも今日の歴史的段階では真の実体はベールに包まれているのが現状である。私たちの成し得ることは、一方で科学主義的な論禍に陥ることなく、他方で人間の認識の到達できないものの不可知的な可能性を留保することである。つまり目下、形而上の実体の存在不存在を問う術（すべ）は見当たらないのであるから、環境世界の背後に存在するかもしれない究極的実在、本源的な絶対生命の可能性を完全に否定し去ってしまう態度は慎むべきであろう。

参考文献

H・バターフィールド『近代科学の誕生』渡辺正雄訳（講談社、一九七八）。H. BUTTERFIELD, Origins of Modern Science (New York 1965). T・S・クーン『科学革命の構造』中山茂訳（みすず書房、一九七五）。T. S. KUHN, The Structure of Scientific Revolutions (Chicago 1970). 大森荘蔵、山本信、沢田允茂編『科学の基礎』（東京大学出版会、一九六九）。村上陽一郎編『科学史の哲学』（朝倉書店、一九八〇）。村上陽一郎『科学史の逆遠近法』（中央公論社、一九八二）。渡辺正雄『ニュートンの光と影』（共立出版、一九八二）。坂本賢三『現代科学をどう捉えるか』（講談社、一九七八）。柳瀬睦男『現代の物理学と新しい世界像』（岩波書店、一九八六）。大森荘蔵『新視覚新論』（東京大学出版会、一九八二）。坂本百大『人間機械論の哲学』（勁草書房、一九八〇）。鶴見和子『殺されたもののゆくえ』（はる書房、一九八五）。東洋、大山正監修『認知心理学講座』全4巻（東京大学出版会、一九八四）。A・ベネット他『認知心理学への招待』西本武彦訳（サイエンス社、一九八六）。A. BENNETT et al., Work-shops in Cognitive Processes (London 1981).

佐伯胖『認知科学の方法』（東京大学出版会、一九八六）。R. H. WHITTAKER, Communities and Ecosystems（New York 1970）. B. COMMONER, The Closing Circle（New York 1971）.

補章　環境学の社会哲学的探求
――人間、社会、自然の総合的な思索の根源

これまで生きてきて、何度となく、なんで世の中はこんなにも荒んでいるのかと感じてきました。とくに近年、いつになく殺人事件が多発していて、ショックを受けています。被害者はもちろん不幸ですが、加害者も決して幸福とは言えないでしょう。また、自殺の横行は、安易に死ねるなら死を選んでしまう人が、まだまだ社会には多く潜在しているのではないかと思わせます。なんで、こんな世の中なんでしょうか、強く残念に思います。

これらは政治や経済の問題でもありますが、今回はより根源的なところで、荒んだこんな世の中を、どうすれば根もとから改善の方向に向かわせることができるのかということについて、考えてみたいと思います。

現代社会は、現実を超える大いなるものへの眼差しが薄れると共に、価値観が多様化することで、何を拠り所にして生きていったらいいのか、自信を持って生きていく拠り所となるものが持ちにくい時代だと言われています。混沌とした闇の中にいるようで、どこに向かって進んでいけばいいのか、将来に不安を感じている人は少なくないかもしれません。ドイツの哲学者フリードリヒ・ニーチェは、現代という時代は生きる目標、目指すべき光が見当たらず、何かをやろうとしても、何故これをやるのかと疑問が生まれてきて、その何故という疑問に対する答えが見付からないと言っています。そんな私たちはどうしようもない無力感に襲われ、社会全体に無気力で退廃した空気が感じられるとも言っています。

現代に生きる多くの人々は、自分自身の存在が拠り所のないものと感じているということは、同時に、自分の存在はこの世だけで終わりで、死後は何もない、死後自分は存在しなくなると受け止めていると思います。この

ような無神論的な死生観・死後に対する考え方が一般的な時代では、どうせ死後すべてが無になるのであれば、いま生きているのがとても辛いと感じている人の中に、人生にはその辛さを乗り越えてまで生き抜いていく価値があるのかと思う人がいるわけです。つまり、死ねば無になるのだから、辛い思いを我慢し続けることに意味はないし、耐えられないと感じる人がいるんです。そういう人にとって、この世はそんなに苦労してまで生きるのに値しないということになります。私たちの暮らしている社会は、辛いことや苦労を何とかして乗り越えてまで生き続けるほど魅力的な社会ではないと、その人たちには映っているのです。それは、そう感じる、その人たちが責められることでしょうか。私たちや、私たちが作り上げている社会に、原因はないのでしょうか。

言うまでもないことですが、当然、私たち人間一人ひとりに原因があると思います。そして、もちろん原因がある私たち人間一人ひとりが作り上げている社会にも原因があります。

まず、人間一人ひとりの原因を考えるとき、私が思い出すのはロシアの文豪・ドストエフスキーです。私は若い頃、高校時代のことですが、ドストエフスキーの最後の大作「カラマーゾフの兄弟」の中に、アリョーシャという心の清らかな人間類型の登場人物が出てくることや、人間の罪深さが見事に表現されていることに強く感銘を受け、影響もされました。アリョーシャに魅せられ、心の清らかな人間類型に近い実在の人物を探し求めるようになり、ふだん接する人に対して、その人が善良な人か、そうでないかということに、かなり拘るようになりました。また、ドミートリーという主人公の一人が、人間はみんな残酷で、凶暴であり、繰り返し繰り返し、身近な人や親族さえも泣かせている、そういう存在であると言います。自分もそういう、ひどい人間であることは認めると言って、そのために裁かれるのは受け入れるが、つまり心の罪人として裁かれるのは受け入れるが、いま法廷が自分を裁こうとしている父親殺しの罪を受け入れるのではない、というセリフは強く印象に残りました。

それ以来、私は、人間はみんな何故ひどい人間なのか、少なくともひどい一面を持つのは何故か、その原因、由来を考えるようになりました。だから、上智大学に入学してからも、キリスト教が教える人間の罪深さについて、深い関心を持って勉強しました。また、いつしか、たぶん環境問題を本格的に勉強し始めた大学院生の頃だったような気がしますが、私は文明と自然の関係について、来る日も来る日も、考えるとはなしに考えるようになっていました。そして、ある時、人間が何故ひどい人間なのか、人間がひどい人間であるという一面をもっているのは、その根源が自然界の成り立ちや自然の成り行きに原因があるような気がして、思い煩うようになりました。

ふだん私たちは、時間が過ぎていく中でいろんな事に直面しますので、自然の成り行きの方が直接的な形で、私たちの生き方に関係しているのではないかと思います。だから、自然界の成り立ちと人間や社会との関係をお話しする前に、自然の成り行きの方から先に話しましょう。

自然の成り行きの中で、私たちは恐怖や欲望によって自分を守る・自己保身に駆られるだけではなくて、ある時、自然の成り行きの中に、自分の身ですらゾンザイにする苛立たしさのようなものが醸し出される何かがあるような気がしたんです。それは何だろうと、あれこれと考えました。そして、たぶん、物事の自然な成り行きに付いていけない焦りのようなもの・居た堪れなさのようなものではないだろうかと、思うようになりました。だから、よく、人間悪は恐怖や欲望といった自己中心性だとか利己心に起因していると考えられがちですが、それだけではなくて、人間悪の中でもタチの悪い、自分や他人に対して荒んだ心に人間をさせてしまう悪さというのは、自然の成り行き・時の過ぎ去っていくことに対して、置いてきぼりにはなれないと、しがみ付くような感情が大きく働いているんじゃないかというような気がしたんです。

「物事の自然な成り行きに付いていけない焦りのようなもの・居た堪れなさのようなもの」と言いましたが、人間の個人個人では、物理的限界・複雑怪奇で把握しきれない自然の成り行きが・時の過ぎ去っていくことが、どんどん圧倒してくることに対して、能力的に追い付かないという現実があるから、人間を残酷で凶暴なひどい人間にしているのではないでしょうか。それが、欲望や恐怖など利己的な原因にも増して根源であるように、私には思えるんです。

自然の成り行きに対するそんな能力的な限界は、必然的・宿命的なものでもあります。「能力的に追い付かないという現実があるから、人間を残酷で凶暴なひどい人間にしている、欲望や恐怖など利己的な原因にも増して根源的なものではないか」と言いましたが、「能力的に追い付かないという現実」は、ここでは、人の体を例にして話をすれば、人体の小宇宙の中の不安定な、物理学の慣性の法則のようなもので、利己的な原因といった問題を超えているんです。物理学の慣性の法則というのは、人間の生き方にも当然ながらにして当てはまると思うんです。生物には、必ずしも利己的な原因によらなくても、すでに生きているからには、その状態・バイオリズム・生態リズムを維持しようとする自然状態があります。これは必ずしも利己的に振舞っているわけではありません。すでに生きているのに、突然死ぬことはできないし、私たちが普段、一転して死を選ぶ選択肢は、通常自然な状態ではあり得ないからです。だから、慣性バイオリズムのようなもののバランスが崩され、立ちゆかない状況に、しょっちゅう物事の自然な成り行きによって人間は直面させられるから、居た堪れなさが常時的に・いつもながらに植え付けられ、他者も自分自身すらも構いきれないという性質が作り出されているのだと思うんです。

叛乱する少年たちも、例えば勉強や、いろんな日常の競争や、他人の幸福や、自分の理想などに能力がなくて付いて行けず、追い付かず、どうしようもないから叛乱するのです。少年たちに叛乱させる羽目になっている大人たちも、それを止める枠組みを作れないので、イライラした状態がよく見られるでしょう。

次に、人間がひどい人間であるという一面をもっているのは、自然界の成り立ちにも由来しているということについて、話してみたいと思います。自然の成り行き・時間の過ぎていくように、ふだん必ずしも私たちが直接的な形で直面しているわけではないのが、自然界の成り立ちです。しかし、間接的に私たちの生き方に深く関係しているように思います。

自然界は生物たちの共生で成り立っているということは有名です。そして、自然界での共生の大半を占めているのが、生物同士が食う食われる関係の、敵対的共生であることも、よく知られています。敵対的共生というのは、例えば、サバンナの草食獣が肉食獣に捕食されるような例がわかりやすい例です。サバンナでは、体力や知能が劣った草食獣から先に、肉食獣に捕まって食われていきますが、肉食獣も弱って餌が取れなくなると死んでいきます。つまり、弱い者から間引かれていくことで、強い者が生き残って遺伝子を伝えていくわけです。それで、種族の全体としては、自然界に対抗できるような優れた遺伝子の子孫たちが生き残っていきます。また、草食獣と肉食獣の両方にとって、サバンナの餌がなくならないように、絶えず一部が間引かれていくことは、種族の全体にとっては適正な規模に保たれて望ましいことなのです。

このように、自然界のあり方は、それぞれ個々の生物は一定期間だけ生きて死んでいくようになっていることからもわかるように、それぞれ個々の生物の存在は重要ではなく、種族の全体が繁栄していくことが重視されていると言えるような特徴を示しています。人間社会の傾向に例えてみると、個人より全体が重んじられる全体主義のような成り立ちを、自然界の成り立ちはしているわけです。

そこでは、個々の生物個体はどれも弱者へ転落し、死と隣合せの危険に曝されていますので、個々の生物がそれぞれ危険に遭わないでおこうと、自分で自分を守ることに精一杯なのです。だから、他の者のことは構っていられません。捕らえられ、食われてしまう仲間や、脱落していく仲間に対して、どうしてあげることもできない、見捨てるしかないというような「仕方のなさ」みたいなものが、自然界には充満しています。そういう「仕方のなさ」みたいなもので、彼ら同士、互いに顧みれない、そして顧みないようにさせられ、その時たまたま強い者が生き残ることによって、全体の種族の枠組み維持に貢献させられるといった役割を演じさせられているんです。こんな「仕方のなさ」みたいな成り立ちになっている自然界で、他の生物たちと同じように育ってきた人類も、元来その感覚と行為において究極的には人間個人を大切にしない、結局は個の尊厳に拘らないような傾向を育んできてしまっているはずです。

また、そんな人間たちによって作り上げられた社会というものも、個人より全体を優先しがちな色合いを帯びているように、私には見えます。仲間を慈しまないようにさせる自然界の成り立ちは、その浸透を受ける人間たちを媒介にして、社会の成り立ちに引き継がれているのではないか。個々の生物個体が粗末に扱われる全体主義的な自然界と同じ根を持つ問題性を内に含んで、社会は基本的な特徴ができ上がっているように、私には思えます。

例えば、幹線道路沿いの住民が肺癌になって死のうが、道路は社会全体の物流などで公共性が高いとして顧みられませんでした。政府も裁判所も、人的被害が出ている場合でも、社会全体の利益を優先するというように、公共性の使い方を間違ってきたのです。また、記憶に新しいアスベストの被害では、アスベストは、とうの昔から発癌性が疑われている物質なのに、そして前世紀の八〇年代に被害者が現に出ていたにもかかわらず、管理して使えば大丈夫と言って・禁止にしたら経済的な損失が大き過ぎると言って、政府は人命よりも企業や社会全体の利益を優先したのです。

犠牲者が少ない場合は、社会全体の利益を優先してきたのが、私たちの社会の大方の傾向ではなかったでしょうか。その方が社会全体は安泰だからでしょう。これは、全体の枠組みが維持されればいいという、全体主義に近いものの考え方です。また、犠牲者が少なければいいと言っても、誰もが犠牲者になる可能性があるということでは、みんなの問題なのです。その結果は、結局、弱い者や、運の悪い者が犠牲者になってしまうという、自然界と同じことを私たちの社会でも行なっていることになるのです。

よく、自然と文明は違うと言われますねぇ。自然と文明は違うんだという認識では、西洋文化も東洋文化も一致していると思います。西洋文化では、文明のために荒々しい自然に対抗しようとし・自然と文明を対立的に捉えますし、東洋文化では文明の行き過ぎをいさめ、自然はいいものだと考えます。いずれにしても、東西どちらの文化も、自然と文明は違うものだと、認識しているんです。しかし、私から見ると、人間社会も自然界と同じことをやっているということでは、文明は自然を踏襲していて・受け継いでいて、自然と文明は連続した、本質は同じものではないかと私には思えるんです。つまり、自然の延長線上に文明があるわけです。

人間がひどい人間であるという一面をもっているのは、そして、そうした人間たちの傾向が影を落とす形で作られた社会も、自然界の成り立ちや自然の成り行きが源泉・みなもとになっていますので、本質のところで自然と文明は同じ傾向なのに、自然と文明は違うんだと認識していたのでは、人間と人間の社会の病気は治しようがありません。このままの考え方を放っておいたのでは、自然には・自ずとは病はなかなか治らないと思うのです。

私たちは、もっと、自然という事の本質と闘うべきだと思うんです。「自然という事の本質と闘う」、このように言いますと、誤解する方がいるかもしれません。誤解する方が念頭においているのは、よく言われる、生態系や自然環境にフィットした生き方をしなければいけない、ということだと思います。自然界の中の法則や摂理に従って、微生物の利用や自然エネルギーの利用を活発にしていくことが生態系・環境に優しいし、生態系の一員である私たち人間にも安全なのだから、というのがその理由でしょう。それは、その通りです。人間も生物である以上、自然界に生かされている面があるわけですから、それを否定しているのではありません。

しかし、すべて自然界に従っては生きていけないというのが、太古に生きた人類や、自然界で生きた心地がしていない動物たちを見れば明白でしょう。サバンナや、冬の極地の動物たちの営みがシンボリックなわけですが、訳もわからずに生きていて、苦労させられる生物たちは、食われる方も食う方も気の毒だと、彼らの蠢きを見ていて感じるんです。

自然界は、生物たちにこのように苛酷だったり、人間に対して尊厳無視となったり、全体主義的であって、決して恐怖や、緊迫の果てが死なのですから、実に苛酷な本質があるもんだと思います。

自然界は、生物たちにこのように苛酷だったり、人間に対して尊厳無視となったり、全体主義的であって、決して、自然界の法則や摂理に従うのが安全で、「生態系や自然環境にフィットした生き方をしなければいけない」とだけは言えないのです。

すべて自然界に従った生き方をするのが、人間にとって幸福なわけではありません。結局、自然に生かされて、自然と闘う、ということになりますが、それは、一体どういうことなのでしょうか。

「自然に生かされて、自然と闘う」。つまり、生態系の一員として自然環境にフィットして生き、また同時に、自然界の人間に対する尊厳無視・全体主義的な成り立ちと闘う。この両面が合わさって、トータルとして、自然界の法則や摂理から離れられない人間が、尊厳をもって、よく生きていくことができるのです。ただ、人間は自然に生かされているんだから、自然環境にフィットして生きなければいけないんだということは、よく言われるようになっていますので、それは百も承知ですが、ここでは、あまり言われていない、もう片方の、尊厳無視と闘わなければならない方を強調したいわけです。

というのは、こちらの方が深刻で、生物として苛酷な目に遭わされる物理的な面に止まらず、精神的な面でも、人類は、尊厳無視の自然界の成り立ちや成り行きの中で育まれてきたことで、人間がひどい人間であるということとを免れていないからです。現実にも、その自然界が源泉・みなもとになったひどさが、荒んだ社会にさせて、自殺者がこんなに相次いでいて、きわめて深刻だからです。

視聴者の皆さんにも、覚えがないでしょうか。私たちは見ず知らずの他人に対して、身内や親しい友人のような個別な存在とは認識できずに、不特定多数として捉えてしまう、十把一絡げのような感覚になってはいないでしょうか。それが、全体主義的な傾向と隣合せのような気はしないでしょうか。こんな私たちの感覚を仕方ないと言って、済まされるでしょうか。一見関係ないようですが、殺人犯罪が絶えないことや、戦争で容易に殺戮が繰り返されるのも、究極的にはこの辺に原因があると思うのです。

人類史は、殺人や戦争まみれの暗い歴史がほとんどを占めていますが、しかし、近代になって光明も射し始めました。私が思うには、全体主義的な自然界の本質に反抗しているような、ほとんど唯一と言っていい、人類の優れた発明もあるんです。例えば、医療保険や年金、失業保険や生活保護。そう、社会保障・社会政策です。固有名詞の個々人に焦点を当てて、全体でなく・団体でなく、具体的な個人を対象にして、個別に救済しようとしているんです。だから、私は、環境問題についても、個人救済に目を向けるように、環境政策から環境社会政策へと転換すべきだと提案しています。

とにかく、人類社会全体が、固有名詞を持った個々人に焦点を当てる社会・具体的な個人を救済する社会政策の発想で充満するようにならなければ、自殺や殺人が横行する荒んだ社会はよくなりません。今の社会には、個々人に焦点を当てる社会政策の発想とは逆の、自然界から受け継いだ苛酷な、尊厳無視の、個人を大切にしない、全体主義的な空気が漂っていて、そんな社会を生きている個々人に言い知れぬ苦痛を与えているのです。特に、自らを解き放てない未熟な若者の心に、強く圧し掛かっているのです。それに耐えられない人が、自ら命を絶ったり、人を殺傷するなどの極端な行動をとって、不幸に陥っているのです。

個々人では無力な事に対処するのが、人類が社会を作った意味ではないでしょうか。個人ではどうしようもない困難を、社会全体で対処するのが社会政策で、社会政策は現在、病気や生活など、身体的・物的な面で個々人の無力に対処し、不幸を救済しようとネットを張っていますが、そうした社会政策の対象を、精神的な面の無力・不幸にも拡大すべきではないかと、私は考えています。自然界の成り立ちや自然の成り行きに対して、人間は無力で、そのために心が荒んでしまうわけですから。

自然界の成り立ちや自然の成り行きから受け継いだ、荒んだ社会。それに、冒頭に触れた、自分自身の存在の拠り所のなさ、死後自分は存在しなくなる・自分の意識は永遠に消滅すると考える、現代の無神論的な死生観・死後に対する考え方が、追い討ちを掛けているのでしょう。無神論的な死生観は早合点であって、死後の事は何もわからないはずだと考える、不可知論が受け入れられれば、大いなるものへの眼差しが啓かれると共に、後は、きょう主にお話しをしてきた、自然界の成り立ちや自然の成り行きから人間と社会が受け継いだものを排除すれば、私たちや社会は相当に改善され、違った姿になると私は思います。私たちの相手は、自然界の成り立ちや自然の成り行きであって、そこに問題の根源があるのですから、人間同士、社会的に連帯し、かばい合うしかないと思います。人間同士かばい合うということの中身は、個人を大切にしない、尊厳無視の、自然界の成り立ちや自然の成り行きを意識して、そこから受け継いだ感覚を転換するように、固有名詞を持った個人の顔を見て、社会も私たちも、いつでも個人に対応するということを、しっかりと心に留めるということです。

あとがき

十八世紀フランスの社会思想家ジャン・ジャック・ルソーが著した『告白』の冒頭に、次のような一節がある。「最後の審判のラッパはいつでも鳴るがいい。わたしはこの書物を手にして最高の審判者の前に出て行こう。高らかにこう言うつもりだ——これがわたしのしたこと、わたしの考えたこと、わたしのありのままの姿です。」(ルソー著、桑原武夫訳『告白』上、岩波文庫、一九八二年。)

ルソーが表現したかった意図と筆者が述べようとする意味は違うが、「審判者の前に」率直に提示してみたい「わたしの考えたこと」という内容では一致している。筆者が想定している「審判者」とは、もちろん言うまでもなく本書の読者諸賢である。「わたしの考えたこと」とは、ほかでもない今回の原発事故から受けた衝撃に対して、どういう見方をするのが適切なのか、筆者の半生にわたる研究生活で得た社会の洞察から斬り込んだ視点である。

それは、第一章の「原発事故の思想責任」に集約する形で書き下ろしを試みてみた。ここを読んでいただくことは、私たちの社会で何が一番の核心問題なのかを知っていただくための必要条件だが、それだけでは十分条件を満たしてはいない。なぜなら、過去の深刻な公害問題とも通底する考え方、仕組みの根底に隠れている本質は、それに対する執拗な解説に触れていただかなければ、そう簡単には姿が露わにならないからである。第二章以下で、社会の成り立ち、歴史や文化のあり方、私たちの運命の決められ方など、その執拗な解説について、社会哲学的な内容を深く理解していただけるように哲学用語でなく、日常語による本質論を試みている。

これまでの研究生活で筆者が絶えず気になってきたのは、私たちが目指すべきは、どんな社会とそれを構成する人間たちでなければならないのか、ということであった。本書では、この遠大なテーマを扱ってきたつもりであるが、不足している以下のような政府と市場、それから私たち人間に関する視点を補足しておきたい。

国民の生命・財産を守るのは政府の役割だと憲法で規定していることから、環境政策にも当然その義務はあるはずだ。しかし、本書で言及したように、それらを守れなかった環境政策はこれまで失敗してきたとも言うことができよう。ただし、「政府の失敗」があるからといって、枢要な問題を市場に任せるわけにもいかない。

企業が環境対策の費用を自ら負担するようになったことで、従来その費用が市場内部で賄われず部外者に押し付けられていた「市場の失敗」は今日しだいに修正されつつある。企業が環境に配慮するように政府が取り締まったからだ。しかし、政府が国民の生命・財産を守れる規制基準を設置していない場合、企業の環境への対応はおおかた政府の基準に追随することから、企業は自らの生産活動がもたらす被害を自律的に防ぐ機能を欠いているという「市場の欠陥」が発現する。政府が規制しなかった問題に対しては東電もわざわざ注意を払うことはしなかった今回の事態が、正にそうであった。

政府の規制が正しい時は企業がそれに従っていれば市場に失敗はないが、規制が正しくない時は企業にはなかなかそれを正せない、失敗しない機能が備わっていない。政府に依存せずに失敗しないことができないので、それはもはや失敗ではなく、市場の属性だから欠陥である。失敗というのは自分で直せるからだ。政府に依存してしか企業は環境に配慮できないと言うと、規制されていなくても企業は自主規制をすることがあるので欠陥はないと言う人がいる。それは、日本国内で規制がなくても、例えば取引先のＥＵで規制されているなどの理由があるからだ。

市場は財・サービスを創出して私たちの生存を支える圧倒的に大きな役割を果たしているにもかかわらず、自分の存立基盤でもある環境や人命を守るという視点に立って自らを律することができない、自律的でないということが欠陥と呼ぶにふさわしいのではないか。市場メカニズムは健全でも、その価格シグナルによる自動制御では、環境破壊や生命損失を防ぐための超えてはいけない基準を自ずとは導き出せない。政府が死活線の超えてはいけない基準を適切に設定することに挑まなければならない。

筆者は本書で言葉を尽くして人間の資質について議論を提起してきた。社会科学のいろんな構築をしてみても、社会を良くしていくには結局のところ話がここに行き着くと考えるからだ。社会の問題は制度だけでなく、社会を作り上げている人間を変えねばならず、人間を変革する制度が必要である。また、その制度は実効ある装置でなければならない。

世の中は社会に起きる問題を解決する装置を開発しようとはするが、その装置が同時に人間の質を高める装置にはなっていないことが一般的だ。人類は歴史的に、装置としては人間の質を高めるようなそれは開発しようとしてこなかった。人間の質を高めるのは教育や宗教に任されてきたが、教育や宗教は装置には成り得ない。

パソコンや、さまざまなハイテク機器などは、遥かに動物段階を超える人類らしい到達を示しているが、人間の質や社会の作りはそれに比べて極めて稚拙で遠く及ばないと言ったら、言い過ぎであろうか。ここは極端な言い方になるかもしれないが、人間たちのエモーションは何故まだ動物段階に近接しており、通り魔やテロが横行するごとく、社会は何故まだ動物界のような恐怖社会なのか。ハイテク機器など人類を取り巻く物的環境にふさわしく、それに追い付くようにしようとする意識や意志がこの社会と人々に感じられない。何故未だに社会的な生存環境がこんなに死と隣合せの恐怖社会で生きていかなければならないのだろうか。

人間社会の一面をその本質を捉えてやや極端に表現すれば、肉食獣が草食獣を強襲するサバンナに居るのとあまり変わらない気配がある。サバンナでは、肉食獣は満腹の時は草食獣が面前を通過しても、興味なさそうに見過ごしている。そんな時には、草食獣たちは皆が無事に過ごしており、全体が平和そうに見える。しかし、肉食獣が空腹になれば襲う気が起こってきて、実行され、一定の割合で草食獣は仕留められる。だから、サバンナでは、草食獣が無事で居られるかどうかは、肉食獣が襲う気があるかどうかにかかっているとも言える。襲う気があれば、犠牲者が出てしまうという状態だ。

加害者の側にその気さえあれば、社会は一変するというのが実情ではないか。人間社会でも、法的な外枠からの規制はあるが、人間に犯罪を起こす気があれば犯罪は起きてしまうという面があることは否定できない。外から箍を掛けても、すでに言及したように、人間には内面に自己破壊性が内在しているために、箍は短期的衝動によって突破され、完璧な抑止力とはならない。だから、程度の差はあるが、本質としてはサバンナに近いものを人間社会も潜ませていると言えるのである。

こんな恐怖社会を作り上げている人間たちの質の改善を教育や宗教などのような効果の薄弱な分野だけに任せておくのではなく、社会の組み立て・社会設計の中に人間の質を改善する工夫を入れ込めるようにして、人間の質と社会の作りとを同時に解決する方向に向かわせるべきである。目標は、公（国家権力）私（犯罪）にわたる恐怖社会の最終解決を目指すことだ。

意気消沈した世の中にあって、個々人が意欲を持つことこそ最先決だなどと言われたりするが、今の社会には社会の変革に向けて個人が積極的に意欲を持てるようになる具体的な制度の仕組みがない。意欲のある人は意欲を発揮でき、意欲のない人も意欲が湧いてくる具体的な仕組みが必要だ。仕組みとは、仕組みがあるということが、意欲を持てること、意欲が発現することそれ自体であり、「仕組み＝意欲」で、仕組みなくば有効な意欲もない、ということである。「有効意欲論」のような発想が今の社会の枠組みになくてはならない。

最後に、時宜を得た出版の機会をいただきながら、なかなか原稿を提出しない筆者を根気強く待ってくださり、熱心に導いてくださった松田健二代表と、社会評論社の皆様に衷心より感謝申し上げたい。

二〇一二年三月
震災一年、東京にて
大和田滝恵

初出一覧

第二章　環境社会政策学序説
　1　公共政策の本質構造
　2　環境政策の根本方策
　（1）基準設定による規制政策の限界と減量化
以上、『法の理論』（第十八巻、成文堂、一九九九年一月）所収。
　（2）文明内容の取捨選択と削除方式
『新カトリック大事典Ⅲ』（上智学院新カトリック大事典編纂委員会編、研究社、二〇〇二年八月）所収。

第三章　環境政策を誤らせるリスク・ベネフィット論の欠陥——循環型社会の理念的完結のために
『ソフィア』（第五十二巻第一号、上智大学、二〇〇三年十一月）所収。

第四章　アスベスト問題は何故こんなに深刻になったのか？——被害の拡大を食い止められなかった「深因」の検証
『地球環境学』（第二号、上智地球環境学会、二〇〇六年十二月）所収。

第五章「自決権付与評価制度」宣言
『法の理論』（第十八巻、成文堂、一九九九年一月）所収。

第六章　環境破壊の意識構造
『法の理論』（第十五巻、成文堂、一九九五年十二月）所収。

第七章　社会発展政策の根本原理——「原理学」の創設
『地球環境法研究』（第二号、上智大学法学部、一九九九年三月）所収。

第八章　環境世界の真相
『新カトリック大事典Ⅱ』（上智学院新カトリック大事典編纂委員会編、研究社、一九九八年一月）所収。
補　章　環境学の社会哲学的探求――人間、社会、自然の総合的な思索の根源
NHK「宗教の時間」二〇〇八年五月二十五日放送。

は行

ま行

や行

ら行

わ行

索　引

あ行

か行

さ行

た行

な行

[著者紹介]

大和田滝惠（おおわだ・たきよし）

1951年東京生まれ。1977年上智大学文学部社会学科卒業、上智大学大学院国際関係論専攻入学。1982年上智大学大学院国際関係論博士後期課程在学中に国際関係研究所助手就任。1983年から2年間、外務省ASEAN地域振興計画・委託調査研究員を務め、シンガポールを数回訪問し同国の社会経済発展に寄与した環境・医療福祉・技術吸収の社会制度・社会政策の調査研究に従事。TECHNOLOGY AND SKILLS IN ASEAN: An Overview（C.Y.Ng et al. Institute of Southeast Asian Studies, Singapore 1986）、および『エコ・ディベロップメント—シンガポール・強い政府の環境実験』（中公叢書 単著、中央公論社、1993年）として発表。1988年、文学博士（社会発展政策学）の学位取得。

他に、通産省NEDO平成6年度グリーンヘルメット事業調査報告検討委員会座長、上海中日環境科学技術交流会議学術委員会委員などを歴任。国内外の大学や人事院公務員研修所でも非常勤の講師・教官を務めた。現在、上智大学法学部地球環境法学科教授、地球環境・経済研究機構理事、中国江蘇省経済社会発展研究会高級顧問、産経新聞社フジサンケイビジネスアイ「論風」定期執筆者。近著に『中国環境政策講義—現地の感覚で見た政策原理』（駿河台出版社、2006年）。編著書に『地球温暖化ビジネスのフロンティア』（国際書院、2011年）。その他、環境問題に関する共著・論文多数。

詳しくは、http://pweb.sophia.ac.jp/ohwadatakiyoshi/ を参照。

文明危機の思想基盤——原発、環境問題、リスク論

2012年4月10日　初版第1刷発行

著　者＊大和田滝惠
発行人＊松田健二
装　幀＊桑谷速人
発行所＊株式会社社会評論社
東京都文京区本郷2-3-10　tel.03(3814)3861/fax.03(3818)2808
http://www.shahyo.com/
印刷・製本＊株式会社ミツワ

金子　毅【著】

「安全第一」の社会史

比較文化論的アプローチ

日本特有の「安全神話」はどのように形成されたか。

なぜ日本人に「安全」という考え方が根付かなかったのか。
「safety-first」の淵源をたどり、近代日本の「安全第一」
概念の構築過程を歴史文化論的観点から紐解く。

原子力発電の「安全神話」崩壊の根源を問う論考。

A5判230頁／定価：本体2700円＋税
ISBN978-4-7845-1806-7